AF167715

Deskriptives Data-Mining

David L. Olson • Georg Lauhoff

Deskriptives Data-Mining

David L. Olson
Department of Supply Chain Management and Analytics
University of Nebraska–Lincoln
Lincoln, USA

Georg Lauhoff
IBM Almaden
San Jose, USA

Dieses Buch ist eine Übersetzung des Originals in Englisch „Descriptive Data Mining" von Olson, David L., publiziert durch Springer Nature Singapore Pte Ltd. im Jahr 2019. Die Übersetzung erfolgte mit Hilfe von künstlicher Intelligenz (maschinelle Übersetzung durch den Dienst DeepL.com). Eine anschließende Überarbeitung im Satzbetrieb erfolgte vor allem in inhaltlicher Hinsicht, so dass sich das Buch stilistisch anders lesen wird als eine herkömmliche Übersetzung. Springer Nature arbeitet kontinuierlich an der Weiterentwicklung von Werkzeugen für die Produktion von Büchern und an den damit verbundenen Technologien zur Unterstützung der Autoren.

ISBN 978-3-031-21273-4 ISBN 978-3-031-21274-1 (eBook)
https://doi.org/10.1007/978-3-031-21274-1

Die Deutsche Nationalbibliothek verzeichnet diese Publikation in der Deutschen Nationalbibliografie; detaillierte bibliografische Daten sind im Internet über http://dnb.d-nb.de abrufbar.

Springer Gabler

Planung/Lektorat: Susanne Kramer
Springer Gabler ist ein Imprint der eingetragenen Gesellschaft Springer Nature Switzerland AG und ist ein Teil von Springer Nature.
Die Anschrift der Gesellschaft ist: Gewerbestrasse 11, 6330 Cham, Switzerland

Vorwort

Beim Wissensmanagement geht es um die Anwendung von menschlichem Wissen (Erkenntnistheorie) mit den technologischen Fortschritten unserer heutigen Gesellschaft (Computersysteme) und Big Data, sowohl bei der Datenerfassung als auch bei der Datenanalyse. Es gibt drei Arten von Analyseinstrumenten. Die **deskriptive** Analyse konzentriert sich auf die Berichterstattung über die Geschehnisse. Bei der **prädiktiven** Analyse werden statistische und/oder künstliche Intelligenz eingesetzt, um Vorhersagen treffen zu können. Dazu gehört auch die Modellierung von Klassifizierungen. Die **diagnostische Analyse** kann die Analyse von Sensoreingaben anwenden, um Kontrollsysteme automatisch zu steuern. Die **präskriptive** Analyse wendet quantitative Modelle an, um Systeme zu optimieren oder zumindest verbesserte Systeme zu identifizieren. Data Mining umfasst deskriptive und prädiktive Modellierung. Operations Research umfasst alle drei Bereiche. Dieses Buch konzentriert sich auf die deskriptiveAnalyse.

Lincoln, USA — David L. Olson
San Jose, USA — Georg Lauhoff

Buch-Konzept

Das Buch versucht, einfache Erklärungen und Demonstrationen einiger beschreibender Werkzeuge zu liefern. Diese zweite Auflage bietet mehr Beispiele für die Auswirkungen von Big Data, aktualisiert den Inhalt zur Visualisierung, verdeutlicht einige Punkte und erweitert die Abdeckung von Assoziationsregeln und Clusteranalysen. Kap. 1 gibt einen Überblick über den Kontext des Wissensmanagements. Kap. 2 erörtert einige grundlegende Softwareunterstützung für die Datenvisualisierung. Kap. 3 befasst sich mit den Grundlagen der Warenkorbanalyse, und Kap. 4 bietet eine Demonstration der RFM-Modellierung, eines grundlegenden Marketing-Data-Mining-Tools. Kap. 5 demonstriert das Assoziationsregel-Mining. Kap. 6 befasst sich eingehender mit der Clusteranalyse. Kap. 7 befasst sich mit der Link-Analyse.

Die Modelle werden anhand von unternehmensbezogenen Daten demonstriert. Der Stil des Buches ist beschreibend und versucht zu erklären, wie die Methoden funktionieren, mit einigen Zitaten, aber ohne tiefgehende wissenschaftliche Referenzen. Die Datensätze und die Software wurden so ausgewählt, dass sie für jeden Leser, der über einen Computeranschluss verfügt, verfügbar und zugänglich sind.

Inhaltsverzeichnis

Über die Autoren

Prof. David L. Olson ist der James & H.K. Stuart Chancellor's Distinguished Chair und ordentlicher Professor an der University of Nebraska. Er hat in über 150 begutachteten Zeitschriftenartikeln Forschungsergebnisse veröffentlicht, vor allem zu den Themen Entscheidungsfindung mit mehreren Zielen, Informationstechnologie, Risikomanagement in der Lieferkette und Data Mining. Er lehrt in den Bereichen Management-Informationssysteme, Management-Wissenschaft und Operations Management. Er hat über 20 Bücher verfasst. Er ist Mitglied des Decision Sciences Institute, des Institute for Operations Research and Management Sciences und der Multiple Criteria Decision Making Society. Von 1999 bis 2001 war er Lowry-Mays-Stiftungsprofessor an der Texas A&M University. Im Jahr 2002 wurde er mit dem Raymond E. Miles Distinguished Scholar Award ausgezeichnet, und von 2005 bis 2006 war er James C. and Rhonda Seacrest Fellow. Im Jahr 2006 wurde er von der IFIP zum „Best Enterprise Information Systems Educator" ernannt. Er ist ein Fellow des Decision Sciences Institute.

Dr. Georg Lauhoff führt bei IBM Forschungs- und Entwicklungsarbeiten auf dem Gebiet der Materialwissenschaft und ihrer Anwendung in Datenspeichern durch und verwendet auch die in diesem Buch beschriebenen Techniken für seine Arbeit.

Er ist Mitverfasser von 38 begutachteten Zeitschriftenartikeln und über 30 Konferenzvorträgen, hauptsächlich zu den Themen Materialwissenschaft, Datenspeichermaterialien und magnetische Dünnschichten. Er erhielt Stipendien und Forschungszuschüsse in Großbritannien und Japan. Von 1995 bis 1998 war er der Clerk-Maxwell Scholar und ist Fellow der Cambridge Philosophical Society. Er studierte Physik in Aachen (Diplom) und an der Universität Cambridge (Master und Ph.D.) und spezialisierte sich dabei auf die Bereiche Materialwissenschaften und magnetische Dünnschichten und Sensoren. Nach seinem Abschluss ging er nach Japan und arbeitete als Assistentprofessor für Materialwissenschaft und Werkstoffkunde am Toyota Technological Institute in Nagoya. Anschließend forschte er an der Universität Cambridge auf dem Gebiet der

DNA-Sequenzierung mit Hilfe magnetischer Sensoren, bevor er 2005 in die Datenspeicherindustrie im Silicon Valley wechselte und bei Maxtor, Samsung, Western Digital und nun IBM Almaden für die Entwicklung von Festplattenlaufwerke und magnetisch Bandlaufwerke verantwortlich ist. Georg studierte neben seiner Arbeit von 2015–2020 an der University of Nebraska-Lincoln Betriebswirtschaftslehre (MBA).

Kapitel 1
Wissensmanagement

Zusammenfassung Wir leben in einem Zeitalter der allgegenwärtigen Information, in dem Unmengen von Daten zu praktisch jedem Aspekt des Lebens verfügbar sind. Unser tägliches Leben kann durch Fitbit zur Überwachung gesundheitsbezogener Daten unterstützt werden, durch Sensorsysteme zur Überwachung unserer Häuser und zur Überprüfung derjenigen, die an unsere Haustür kommen, zur Überwachung unserer Autos auf demselben Niveau, das früher für Raumfähren verwendet wurde, und zur Lenkung unserer Fahrwege, um Verkehrskontrollen zu vermeiden. In der Wirtschaft kann die Landwirtschaft durch GPS gesteuert werden, wobei fortschrittliche Genetik für Saatgut, Düngemittel und die Bekämpfung von Pflanzenkrankheiten eingesetzt wird, so wie Wal-Mart seine Lagerbestände auf Mikroebene überwacht und Banken ihre Marketingmaterialien optimieren. Nur der Himmel weiß, was Regierungen auf der ganzen Welt tun, um unsere Sicherheit zu gewährleisten oder uns umgekehrt in Gefahr zu bringen.

Wir leben in einem Zeitalter der allgegenwärtigen Information, in dem Unmengen von Daten zu praktisch jedem Aspekt des Lebens verfügbar sind. Unser tägliches Leben kann durch Fitbit zur Überwachung gesundheitsbezogener Daten unterstützt werden, durch Sensorsysteme zur Überwachung unserer Häuser und zur Überprüfung derjenigen, die an unsere Haustür kommen, zur Überwachung unserer Autos auf demselben Niveau, das früher für Raumfähren verwendet wurde, und zur Lenkung unserer Fahrwege, um Verkehrsbehinderungen zu vermeiden. In der Wirtschaft kann die Landwirtschaft durch GPS gesteuert werden, wobei fortschrittliche Genetik für Saatgut, Düngemittel und die Bekämpfung von Pflanzenkrankheiten eingesetzt wird, so wie Wal-Mart seine Lagerbestände auf Mikroebene überwacht und Banken ihre Marketingmaterialien optimieren. Nur der Himmel weiß, was Regierungen auf der ganzen Welt tun, um unsere Sicherheit zu gewährleisten oder uns umgekehrt in Gefahr zu bringen.

All dies wird durch die Anwendung statistischer Analysen mit künstlicher Intelligenz ermöglicht, um all diese Daten zu etwas Nützlichem zu verarbeiten. Wissens-

D. L. Olson, G. Lauhoff, *Deskriptives Data-Mining*,
https://doi.org/10.1007/978-3-031-21274-1_1

management ist ein übergreifender Begriff, der sich auf die Fähigkeit bezieht, Wissen zu identifizieren, zu speichern und abzurufen. Die **Identifizierung** erfordert das Sammeln der benötigten Informationen und die Analyse der verfügbaren Daten, um wirksame Entscheidungen in Bezug auf alle Aktivitäten des Unternehmens zu treffen. Dazu gehören Recherchen, das Durchsuchen von Unterlagen oder das Sammeln von Daten, wo immer sie zu finden sind. Die **Speicherung** und der **Abruf** von Daten umfasst die Verwaltung von Datenbanken unter Verwendung vieler von der Informatik entwickelter Werkzeuge. Zum Wissensmanagement gehört also, dass man versteht, welches Wissen für die Organisation wichtig ist, dass man Systeme versteht, die für die Entscheidungsfindung der Organisation wichtig sind, dass man Datenbanken verwaltet und dass man Analysewerkzeuge des Data -Mining einsetzt.

Das Zeitalter von Big Data ist angebrochen. Davenport (2014) definiert Big Data als:

- Daten, die zu groß sind, um auf einen einzigen Server zu passen;
- Zu unstrukturiert, um in eine zeilen- und spaltenweise Datenbank zu passen;
- Der Datenfluss ist zu kontinuierlich, um in ein statisches Datenlager zu passen;
- Mit dem Merkmal der fehlenden Struktur

Wissensmanagement (Knowledge Management, KM) muss mit großen Datenmengen umgehen können, indem es Wissensbestände in Organisationen identifiziert und verwaltet. KM ist prozessorientiert, d. h. es geht darum, wie Wissen erworben werden kann, und es geht um Instrumente zur Unterstützung der Entscheidungsfindung. Rothberg und Erickson (2005) geben einen Rahmen vor, in dem Daten als **Beobachtungen** definiert werden, die, wenn sie in einen Kontext gestellt werden, zu **Informationen werden**, die, wenn sie durch menschliches Verständnis verarbeitet werden, zu **Wissen werden**. Das Ziel von Big Data ist die Analyse und die Umwandlung von Daten in Erkenntnisse, Innovationen und Geschäftswert. Sie können einen Mehrwert schaffen, indem sie Leistungsmessungen in Echtzeit ermöglichen, zeitnähere Analysen auf der Grundlage vollständigerer Daten liefern und zu fundierteren Entscheidungen führen (Manyika et al. 2011).

Waller und Fawcett (2013) beschreiben Big Data mit den Begriffen **Volumen**, **Geschwindigkeit** und **Vielfalt**.

- Das Volumen ist eindeutig gewaltig, wenn man an wissenschaftliche Unternehmungen wie die Wettervorhersage denkt. Satelliten senden Datenströme an die Computer, die diese verarbeiten und in verschiedene Prognosesoftwaredienste einspeisen. Ein ähnliches Ausmaß an Daten findet sich in Einzelhandelsunternehmen wie Wal-Mart, die Verkäufe und Bestände in ihrer gesamten Lieferkette überwachen, um die niedrigsten Kosten (immer?) zu erzielen.
- Was die Geschwindigkeit betrifft, so können die Verkaufsdaten in Echtzeit sowie in stündlicher, täglicher, wöchentlicher und monatlicher Form aggregiert werden, um Marketingentscheidungen zu unterstützen. In Echtzeit erhobene Bestandsdaten können zu stündlichen oder monatlichen Updates verdichtet werden. Standort- und Zeitinformationen können zur Verwaltung der Lieferkette organisiert werden.

- Die Vielfalt wird in diesem Zusammenhang durch Verkaufsereignisse aus Registrierkassen in Ladengeschäften sowie durch Internetverkäufe, Großhandelsaktivitäten, internationale Aktivitäten und Aktivitäten von Wettbewerbern vergrößert. All diese Informationen können mit der Überwachung sozialer Medien kombiniert werden, um ein besseres Kundenprofil zu erstellen. Die Bestandsaktivität kann sowohl nach Art der Verkaufsstelle als auch nach Anbieter überwacht werden. Im Bereich des Gesundheitswesens umfasst die Vielfalt sowohl textuelle Aufzeichnungen als auch Röntgenbilder, MRTs, Fotos und praktisch jede Form von Daten.

Diese Menge, Geschwindigkeit und Vielfalt kann nur durch den Einsatz von Computersoftware bewältigt werden. Die von den Sensoren erfassten Daten können nach den beteiligten Personen, den benutzten Wegen und den Standorten zurückverfolgt werden. Künstliche Intelligenz wird häufig eingesetzt, um diese Flut von Big Data zu bewältigen.

Computerunterstützende Systeme

Computersysteme werden schon seit Jahrzehnten zur Unterstützung der Entscheidungsfindung in Unternehmen eingesetzt (Olson und Courtney 1992). Als Personal Computer aufkamen, wurden sie zur Bereitstellung von Analysewerkzeugen für spezifische Probleme eingesetzt (**Entscheidungsunterstützungssysteme**) (Sprague und Carlson 1982). Kommerzielle Softwarefirmen (wie Execucom und Comshare) weiteten diese Idee auf spezielle Systeme für Führungskräfte aus, indem sie ihnen die Schlüsseldaten, die für sie von Interesse sein sollten, zur Verfügung stellten (**Executive Support Systems**). Eine weitere kommerzielle Anwendung war die **analytische Online-Verarbeitung**, die Entwicklung von Datenbank-Tabellenkalkulationssoftware, die in der Lage ist, Berichte über eine beliebige Anzahl von verfügbaren Dimensionen zu erstellen.

In einem Paralleluniversum revolutionierten Statistiker und Studenten der künstlichen Intelligenz den Bereich der Statistik, um Data-Mining zu entwickeln, das in Verbindung mit den sich auf der Computerseite entwickelnden Datenbankfunktionen zu **Geschäftsanalytik** führte. Die quantitative Seite dieser Entwicklung ist die **Geschäftsanalytik**, die sich darauf konzentriert, bessere Ergebnisse auf Geschäftsentscheidungen zu geben, die auf dem Zugriff auf riesige Mengen von Informationen beruhen, idealerweise in Echtzeit (**Big Data**).

Davenport (2018) untersuchte vier Epochen der Analytik (siehe Tab. 1.1). In der ersten Ära ging es um Geschäftsanalytik, wobei der Schwerpunkt auf Computersystemen zur Unterstützung der menschlichen Entscheidungsfindung lag (z. B. Verwendung von Modellen und gezielten Daten auf speziellen Computersystemen in Form von Entscheidungsunterstützungssystemen). Dieser Rückgriff auf Computer zur Unterstützung des Menschen war zeitlich durch die menschlichen Grenzen begrenzt. In der zweiten Ära wurden durch das Internet und die sozialen Medien große

Tab. 1.1 Epochen der analytischen Tätigkeit

	Ära (Davenport)	Spezifische Bedeutung
Analytik 1.0 handwerklich beschreibend	1970–1985	Datenanalyse zur Unterstützung der Entscheidungsfindung
Analytik 2.0 – Big Data	1990–2000	Suchfunktionen Empfehlung
Analytik 3.0 Datenwirtschaft	2000–2010	Automatisiertes Data-Mining
Analytik 4.0 Künstliche Intelligenz	2010-jetzt	Große, unstrukturierte, schnelllebige Daten

Datenmengen generiert. Suche und Empfehlungen waren sehr nützliche Werkzeuge. Davenport sieht eine dritte Ära in einem datenreichen Umfeld, in dem Unternehmen in jeder Branche Online-Echtzeitanalysen durchführen können. Dies wird durch neue Tools erreicht, die Hadoop-Cluster und NoSQL-Datenbanken nutzen, um die Datenermittlung zu ermöglichen und eingebettete Analysen anzuwenden, die disziplinübergreifende Datenteams unterstützen.

In den jüngsten Entwicklungen wurde künstliche Intelligenz eingesetzt, um die Massen schnell fließender Daten zu bewältigen, die die Fähigkeiten menschlicher Analytiker übersteigen. Massive Datenverarbeitung wurde eingesetzt, um eingebettete Lernalgorithmen zur Automatisierung vieler Prozesse zu entwickeln.

Eine Quelle für all diese Daten ist das Internet der Dinge. Nicht nur Menschen senden Nachrichten, auch Autos, Telefone und Maschinen kommunizieren miteinander (Kellmereit und Obodovski 2013). Dies ermöglicht eine viel genauere Überwachung des Gesundheitszustands von Patienten, bis hin zu kleinen Armbändern, die den Puls, die Temperatur und den Blutdruck des Trägers überwachen und an den Arzt des Patienten weitergeleitet werden. Es ist wirklich ein Wunder, dass die Menschen bis 2010 überlebt haben. Aber es zeigt, in welchen Unmengen von Daten ein winziges Stückchen wichtiger Daten existiert.

Die von persönlichen Gesundheitsgeräten gelieferten Informationen dienen nicht nur der Überwachung des Gesundheitszustands des Patienten, sondern unterstützen oder ermöglichen auch das **Management und die Erziehung** des Patienten oder Arbeitnehmers zu einem gesünderen Lebensstil. Unternehmen in den USA bieten inzwischen häufig Gesundheitsprogramme am Arbeitsplatz an, die finanzielle Belohnungen für einen gesünderen Lebensstil bieten. Der Mitarbeiter kann einen Fitness-Tracker über eine App mit dem Wellness-Programm des Unternehmens verknüpfen und finanzielle Belohnungen erhalten, je nachdem, wie viele Schritte er am Tag zurückgelegt hat (siehe Abb. 1.1). Solche Programme könnten die Mitarbeiter dazu ermutigen, sich besser an bestimmte Medikamenten- oder Selbstbehandlungsrichtlinien zu halten. Der Lebensstil von Arbeitnehmern ist sowohl für ihre eigene Gesundheit als auch für die Produktivität ihres Arbeitgebers wichtig. Unternehmen subventionieren diese Programme oft in der Hoffnung, dass sie durch die Verbesserung von Gesundheit, Moral und Produktivität der Mitarbeiter langfristig Geld sparen. Solche Programme sind „Belohnungsprogramme“, schließen aber auf der anderen Seite Mitarbeiter von finanziellen Vorteilen aus, die ihre tägliche, von einem Fitbit überwachte Aktivität nicht mit ihrem Arbeitgeber teilen wollen!

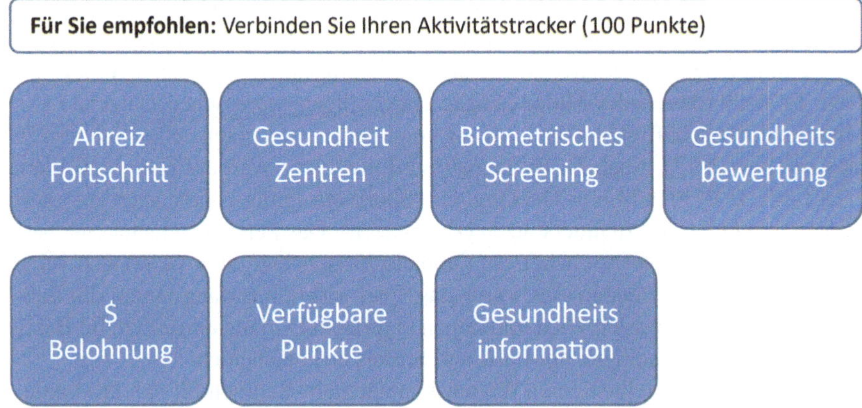

Abb. 1.1 Beispiel für ein Wellness-Programm

Monitore in Haushalten können den Stromverbrauch senken und so die Erde vor übermäßiger Erwärmung bewahren. Autos können Signale über Motorprobleme an Händler senden, damit diese einen Abschleppwagen an den vom GPS des Autos angegebenen Ort schicken können. Versicherungsgesellschaften werben bereits damit, dass sie Geräte an Autos anbringen können, um gute Fahrer zu identifizieren, was ein Euphemismus für die Erkennung von Fahrfehlern ist, so dass sie Versicherungen kündigen können, die eher zu Schadenersatzforderungen führen.

Beispiele für Wissensmanagement

Der Einsatz von Big Data hat bereits beeindruckende Erfolge erzielt. Google erkannte die SARS-Epidemie viel früher als das US-Gesundheitssystem (Brynjolfsson und McAfee 2014). Die Harvard Medical School fand heraus, dass Tweets bei der Verfolgung der Cholera nach dem Erdbeben in Haiti 2010 genauso genau waren wie die offiziellen Berichte, und zwar zwei Wochen schneller. Filmfirmen haben herausgefunden, dass Tweets die Einnahmen an den Kinokassen gut vorhersagen können.

Sport ist seit langem eine wichtige Quelle des Interesses, die bis zu den Gladiatoren in Rom zurückreicht, wenn nicht noch früher. Diejenigen, die sich für die relative Geschwindigkeit von Pferden interessieren, haben viel Aufwand betrieben – eine Tätigkeit, die man als rudimentäres Data-Mining bezeichnen könnte. Genauso wie das Kartenspiel ein wichtiger Faktor für die Entwicklung der Statistik war, hält das Interesse am Sport an: Casinos bieten Quoten für Sportereignisse an, und das Internet bietet soziale Treffpunkte für diejenigen, die sich für Fantasy Football interessieren. Baseball galt schon immer als eine der am meisten gemessenen Sportarten. Im Internet gibt es Websites wie baseball.reference.com, die detaillierte Statistiken für alle zugänglich machen. Sabermetriker haben dem Baseball alle möglichen neuen Statistiken hinzugefügt, und eine neue Industrie, die Statistiken wie On-Base Percentage, Slugging Percentage und Wins Against Replacement (WAR) anwendet, hat die traditionellen Messgrößen wie Batting Averages, Home Runs und Siege ersetzt. Es heißt, dass jedes Major-League-Baseballteam inzwischen Dutzende von Mitarbeitern beschäftigt, um die Leistung von Spielern und potenziellen Spielern zu messen (Law 2017). Auch im Basketball wird viel mehr Wert auf neue Statistiken gelegt, wie z. B. Plus/Minus-Tracking. Die Sportverfolgung könnte auch erweitert werden, um Offizielle zu unterstützen (zu ersetzen). Das Fernsehen bietet eine bessere Sicht auf das Spielgeschehen als Fußballschiedsrichter, aber sie können keine Wiederholungen verwenden (das würde das Spiel wirklich verlangsamen). Im Fußball und Basketball werden Wiederholungen in großem Umfang eingesetzt. Im Baseball gibt es die Technologie, um Balls und Strikes zu entscheiden.

Wu et al. (2014) stellten einen Wissensmanagement-Rahmen für den Produktlebenszyklus zur Verfügung, der eine Klassifizierung von Wissenstypen beinhaltet:

- Kundenwissen-CRM-Schwerpunkt im Sinne von Data-Mining;
- Entwicklungskenntnisse – Produktdesign mit technischem Fachwissen;
- Produktionswissen – Wissen über Produktionsprozesse;
- Kenntnisse im Bereich Lieferung und Service – Kenntnisse der für die Kundenbetreuung erforderlichen Prozesse.

Die Kenntnis der Kunden ist ein klassisches Thema der Kundenprofilierung. Bei den anderen drei Punkten handelt es sich um klassische Fragen des Business Process Reengineering, bei denen es häufig um stillschweigendes Wissen geht, das Unternehmen in Form des Fachwissens ihrer Mitarbeiter generieren. Das Management dieser Formen von Wissen ist erforderlich:

- Ein Mechanismus zur Identifizierung und zum Zugriff auf Wissen;
- Eine Methode zur Zusammenarbeit, um zu ermitteln, wer, wie und wo Wissen vorhanden ist;
- Eine Methode zur Integration von Wissen, um effektiv spezifische Entscheidungen zu treffen.

Daten finden sich in Statistiken über Produktionsmaßnahmen, die die Buchhaltung bereitstellt und die von Wirtschaftsingenieuren (und Supply Chain Managern) zur Entscheidungsfindung analysiert werden. Wissen besteht auch aus der Erfahrung, Intuition und Einsicht der Mitarbeiter (implizites oder stilles Wissen). Vereinfacht ausgedrückt – „können, ohne sagen zu können, wie“. Zu diesem stillschweigenden Wissen gehören auch organisatorische Wertesysteme. Daher kann dieses Wissen nur durch Zusammenarbeit innerhalb der Organisation zum Ausdruck gebracht werden. In Bezug auf das Wissensmanagement bedeutet dies, dass die in den Buchhaltungsunterlagen enthaltenen Fakten durch Fachwissen ergänzt werden müssen, und ein Wissensmanagementsystem ist eng mit der Idee der Abbildung von Geschäftsprozessen verbunden. Die Abbildung der Geschäftsprozesse wiederum wird in der Regel in Form eines Flussdiagramms ausgedrückt, in dem dargestellt wird, welche Entscheidungen getroffen werden müssen, wo Wissen zu finden ist und welche Genehmigungsbefugnisse im Kontrollsystem der Organisation bestehen.

Kellmereit und Obodovski (2013) sehen diese schöne neue Welt als Plattform für neue Industrien, die sich mit intelligenten Gebäuden, der Datenübertragung über große Entfernungen und dem Ausbau von Dienstleistungen in Branchen wie dem Gesundheitswesen und der Energieversorgung befassen. Es wird behauptet, dass Menschen und Maschinen am besten im Tandem arbeiten, wobei Maschinen Daten sammeln, Analysen liefern und Algorithmen anwenden, um Systeme zu optimieren oder zumindest zu verbessern, während Menschen für Kreativität sorgen. (Andererseits gehen Computerwissenschaftler wie Ray Kurzweil (2000) davon aus, dass Maschinen in der Großen Singularität um das Jahr 2040 Lernfähigkeiten entwickeln werden). Einzelhandelsunternehmen (wie Wal-Mart) analysieren Millionen von Datensätzen, von denen einige durch RFID-Signale gespeist werden, um die Kosten zu senken und so die Kunden besser bedienen zu können. RFID (englisch radio-frequency identification) bezeichnet eine Technologie zum automatischen und berührungslosen Identifizieren und Lokalisieren von Objekten und Lebewesen mit Radiowellen.

Die Nutzung all dieser Daten erfordert eine verstärkte Datenspeicherung, die das nächste Glied im Wissensmanagement darstellt. Sie wird auch durch eine neue Datenumgebung unterstützt, die es ermöglicht, sich von der alten statistischen Abhängigkeit von Stichproben zu lösen, da große Datenmengen in der Regel Stichproben überflüssig machen. Dies führt auch zu einer Verlagerung des Schwerpunkts von der Hypothesengenerierung und -prüfung hin zu mehr Vertrauen in die Mustererkennung, die durch maschinelles Lernen unterstützt wird. Ein hervorragendes Beispiel dafür, was dies bewirken kann, ist das **Kundenbeziehungsmanagement**, bei dem jedes Detail der Interaktion des Unternehmens mit jedem Kunden gespeichert und abgerufen werden kann, um das wahrscheinliche Interesse an anderen Produkten des Unternehmens oder die Verwaltung seines Kredits zu analysieren, was alles dazu dient, die Einnahmen des Unternehmens aus jedem Kunden zu optimieren.

Wissen wird in Wörterbüchern als das durch Erfahrung oder Ausbildung erworbene Fachwissen definiert, das zum Verständnis eines Themas führt. Wissenserwerb bezieht sich auf die Prozesse der Wahrnehmung, des Lernens und des Denkens, um Wissen aus allen Quellen zu erfassen, zu strukturieren und darzustellen, um es zu speichern, weiterzugeben und umzusetzen. In unserer heutigen Zeit wird das Wissen zur Verbesserung der Gesellschaft eingesetzt.

Bei der Wissensentdeckung geht es um den Prozess des Wissenserwerbs, der natürlich auf viele Arten erfolgen kann. Manche lernen durch Beobachten, andere durch Theoretisieren, wieder andere, indem sie auf Autoritäten hören. Fast jeder von uns lernt mit verschiedenen Kombinationen dieser Methoden, indem er verschiedene, oft widersprüchliche Daten zusammenfügt, um seine eigene Sicht der Welt zu entwickeln. Wissensmanagement nutzt Wissen, unabhängig davon, wie es entdeckt wird, und bietet ein System zur Unterstützung der Entscheidungsfindung im Unternehmen.

Im engeren Sinne geht es bei der Wissensentdeckung um das Auffinden interessanter Muster aus Daten, die in großen Datenbanken gespeichert sind, mit Hilfe von Computeranalysen. In diesem Zusammenhang impliziert der Begriff **„interessant"** nicht-triviales, implizites, zuvor unbekanntes, leicht verständliches, nützliches und umsetzbares Wissen. **Informationen** sind definiert als Muster, Korrelationen, Regeln oder Beziehungen in Daten, die nützliches Wissen für die Entscheidungsfindung liefern.

Wir leben in einem Zeitalter, das von Daten überflutet wird. Als ob Satelliteneinspeisungen von Wetterdaten, militärische Nachrichtendienste oder die Übertragung von Satellitenradio- und Fernsehsignalen nicht schon genug wären, überfluten uns die Geräte der modernen Generation wie Twitter, Facebook und ihre vielen Konkurrenten mit Informationen. Wir haben Verständnis für die Idee, dass Eltern ihre Kinder besser überwachen können. Doch inwieweit h diese Kinder ohne diese enge Überwachung nicht normal entwickeln werden. Aber man kann nicht umhin, sich zu fragen, wie viele Signale mit nutzlosen Informationen das Leben derer, die all diese Geräte besitzen, durcheinanderbringen.

Data-Mining – Beschreibende Anwendungen

Das Wissensmanagement umfasst den gesamten Bereich des menschlichen Wissens (Erkenntnistheorie) sowie die Mittel zu dessen Erfassung und Abruf (Computersysteme) und die quantitative Analyse zu dessen Verständnis (in geschäftlichen Kontexten, Business Analytics). Es gibt viele Anwendungen der quantitativen Analyse, die in den Gesamtrahmen des Begriffs „Business Analytics" fallen. Die Analytik gibt es, seit die Statistik weit verbreitet ist. Mit dem Aufkommen der Computer gibt es drei Arten von Analyseinstrumenten. Die **deskriptive** Analyse konzentrierten sich auf Berichte über Geschehnisse. Statistiken sind dabei ein wichtiger Bestandteil. Deskriptive Modelle sind ein Beispiel für unüberwachtes Lernen, bei dem der Algorithmus Beziehungen ohne Benutzeranweisungen erkennt. Sie sagen keinen Zielwert voraus, sondern versuchen vielmehr, Hinweise auf die Datenstruktur, Beziehungen und Zusammenhänge zu liefern. **Prädiktive** Analysen erweitern statistische und/oder künstliche Intelligenz, um Vorhersagen zu ermöglichen. Sie sind in dem Sinne gerichtet, dass ein Ziel definiert wird. Dies kann eine kontinuierliche Variable sein, die vorhergesagt werden soll. Sie umfasst auch kategorische Ausgaben, insbesondere Klassifizierungsmodelle, die Modelle anwenden, um bessere Vorgehensweisen vorzuschlagen, z. B. die Identifizierung der wahrscheinlichsten Kundenprofile für das Versenden von Marketingmaterial oder die Kennzeichnung verdächtiger Versicherungsansprüche und viele andere Anwendungen. **Diagnostische** Analysen können auf Sensoreingaben angewendet werden, um Kontrollsysteme automatisch zu steuern. Dies ist besonders in mechanischen oder chemischen Umgebungen nützlich, in denen es aus Geschwindigkeits- und Sicherheitsgründen attraktiv ist, menschliche Kontrolleure so weit wie möglich durch automatisierte Systeme zu ersetzen. Dies kann zu einigen Problemen führen, z. B. dazu, dass die Aktienmärkte für kurze Zeit in die Knie gehen (bis der Mensch wieder die Kontrolle übernehmen kann). Die **präskriptive** Analytik wendet quantitative Modelle an, um Systeme zu optimieren oder zumindest verbesserte Systeme zu ermitteln. Data-Mining umfasst deskriptive und prädiktive Modellierung. Operations Research umfasst alle drei Bereiche. Dieses Buch konzentriert sich auf die Vorhersagekomponente der prädiktiven Modellierung, wobei der Klassifizierungsteil der präskriptiven Analytik dargestellt wird.

Die prädiktive Modellierung ist gut erforscht, beginnend mit der linearen Regression über autoregressive integrierte gleitende Mittelwerte (ARIMA) bis hin zu verallgemeinerten autoregressiven bedingten Heteroskedastizitätsmodellen (GARCH) und vielen Varianten. Der Kernpunkt der Data-Mining-Modellierung ist die Klassifizierung, die durch logistische Regression, neuronale Netze und Entscheidungsbaummodelle erreicht wird. Sie werden in anderen Büchern behandelt. Die präskriptive Analytik ist ein aufstrebendes Feld, das noch viele interessante Entwicklungen bereithält. Dieses Buch beginnt mit einer Diskussion der Visualisierung, einem einfachen, aber wichtigen Schritt im Data-Mining. Die Unternehmensanalyse beginnt mit der Beschaffung von Daten, die aus vielen Quellen stammen können, intern oder extern. Wir gehen nicht auf den noch wichtigeren Aspekt der Datenumwandlung und -bereinigung ein, wo der Großteil der Data-Mining-Arbeit stattfindet. Wir geben einfache Erklärungen zu einigen beschreibenden Tools, die eher dem maschinellen Lernen zuzuordnen sind und den sich entwickelnden Bereich der Mustererkennung unterstützen. Die Clusteranalyse ist aus der statistischen Theorie bekannt, um Gruppierungen innerhalb von Datensätzen zu identifizieren. Anschließend werden wir uns einige Methoden ansehen, die sich aus dem Marketing entwickelt haben, wie z. B. Recency, Frequency, and Monetary Expenditures (RFM)-Modelle, ein frühes und vereinfachtes Mittel zur Klassifizierung. Bei der Link-Analyse geht es darum, sozialen Netzwerken einen Sinn zu geben.

Zusammenfassung

Der Hauptzweck des Wissensmanagements besteht darin, all dieses Rauschen zu durchdringen und nützliche Muster herauszufiltern. Das ist kurzgesagt Data-Mining. So sehen wir Wissensmanagement als:

- Erfassen geeigneter Daten
  - Rauschen herausfiltern
- Speicherung von Daten (DATENBANKVERWALTUNG)
- Daten und Modelle interpretieren (DATA-MINING)
  - Erstellung von Berichten für sich wiederholende Vorgänge
  - Bereitstellung von Daten als Input für spezielle Studien

Die deskriptive Modellierung wird in der Regel bei der anfänglichen Datenanalyse angewandt, bei der es darum geht, ein erstes Verständnis der Daten zu erlangen, oder bei speziellen Datenarten, die Beziehungen oder Verbindungen zwischen Objekten beinhalten.

Literatur

Brynjolfsson E, McAfee A (2014) The second machine age: work, progress, and prosperity in a time of brilliant technologies. W.W. Norton & Co, New York

Davenport TH (2014) Big data at work. Harvard Business Review Press, Boston

Davenport TH (2018) From analytics to artificial intelligence. J Bus Analytics 1:1

Kellmereit D, Obodovski D (2013) The silent intelligence: the internet of things. DnD Ventures, San Francisco

Kurzweil R (2000) The age of spiritual machines: when computers exceed human intelligence. Penguin Books, New York

Law K (2017) Smart baseball: the story behind the old stats that are ruining the game, the new ones that are running it, and the right way to think about baseball. William Morrow, New York

Manyika J, Chui M, Brown B, Bughin J, Dobbs R, Roxburgh C, Byers HA (2011) Big data: the next frontier for innovation, competition and productivity. McKinsey Global Institute, New York

Olson DL, Courtney JF Jr (1992) Decision support models and expert systems. MacMillan Publishing Co, New York

Rothberg HN, Erickson GS (2005) From knowledge to intelligence: creating competitive advantage in the next economy. Elsevier Butterworth-Heinemann, Woburn

Sprague RH, Carlson ED (1982) Building effective decision support systems. Prentice-Hall, Englewood Cliffs

Waller MA, Fawcett SE (2013) Data science, predictive analytics, and big data: a revolution that will transform supply chain design and management. J Bus Logistics 34(2):77–84

Wu ZY, Ming XG, Wang YL, Wang L (2014) Technology solutions for product lifecycle knowledge management: framework and a case study. Int J Prod Res 52(21):6314–6334

Kapitel 2
Visualisierung von Daten

Zusammenfassung Daten und Informationen sind wichtige Ressourcen, die in modernen Unternehmen verwaltet werden müssen. Business Analytics bezieht sich auf die Fähigkeiten, Technologien, Anwendungen und Praktiken zur Erkundung und Untersuchung vergangener Unternehmensleistungen, um Erkenntnisse zu gewinnen und die Unternehmensplanung zu unterstützen. Der Schwerpunkt liegt auf der Entwicklung neuer Einsichten und Erkenntnisse auf der Grundlage von Daten und statistischen Analysen. Der Schwerpunkt liegt auf faktenbasiertem Management, um die Entscheidungsfindung zu unterstützen.

Daten und Informationen sind wichtige Ressourcen, die in modernen Unternehmen verwaltet werden müssen. Business Analytics bezieht sich auf die Fähigkeiten, Technologien, Anwendungen und Praktiken zur Erkundung und Untersuchung vergangener Unternehmensleistungen, um Erkenntnisse zu gewinnen und die Unternehmensplanung zu unterstützen. Der Schwerpunkt liegt auf der Entwicklung neuer Einsichten und Erkenntnisse auf der Grundlage von Daten und statistischen Analysen. Der Schwerpunkt liegt auf faktenbasiertem Management, um die Entscheidungsfindung zu unterstützen.

Die Datenvisualisierung ist ein wichtiger Aspekt bei der Ausbildung von Entscheidungsträgern und/oder Unternehmensanalysten. Es gibt viele nützliche Visualisierungstools, die von geografischen Informationssystemen angeboten werden und mit denen sich Daten schnell auf einer Karte darstellen lassen, in der Regel nach Landkreisen. Diese sind in der Politik und in anderen Formen des Marketings sehr nützlich, z. B. um festzustellen, wo der Verkauf verschiedener Produkte stattfindet. Sie sind auch für die Strafverfolgung von Nutzen, wenn es darum geht, Brennpunkte bestimmter Probleme zu ermitteln. In diesem Kapitel werden die Visualisierungstools der Open-Source-Data-Mining-Software R vorgestellt und einfa-

D. L. Olson, G. Lauhoff, *Deskriptives Data-Mining*,
https://doi.org/10.1007/978-3-031-21274-1_2

che Excel-Modelle von Zeitreihendaten demonstriert. Dies sind repräsentative Beispiele – es gibt natürlich viele Visualisierungswerkzeuge, die von vielen verschiedenen Softwareprodukten angeboten werden. Alle unterstützen den sehr wichtigen Prozess des ersten Verständnisses von Datenbeziehungen.

Visualisierung von Daten

Es gibt viele hervorragende kommerzielle Data-Mining-Softwareprodukte, die allerdings in der Regel teuer sind. Dazu gehören SAS Enterprise Miner und IBMs Intelligent Miner sowie viele neuere Varianten und neue Produkte, die regelmäßig erscheinen. Zwei nützliche Informationsquellen sind www.kdnuggets.com unter „Software“ und https://www.predictiveanalyticstoday.com/, das eine umfassende Übersicht über aktuelle Business-Analytics-Software enthält. Einige von ihnen sind kostenlos. Die beliebteste Software von rdstats.com/articles/popularity (Februar 2016) nach Produkt ist in Tab. 2.1 aufgeführt.

Rattle ist ein (ebenfalls quelloffenes) GUI-System für R, das ebenfalls sehr zu empfehlen ist. WEKA ist ein großartiges System, aber wir haben Probleme mit dem Lesen von Testdaten festgestellt, die es ein wenig mühsam machen.

R-Software

Fast jede Data-Mining-Software bietet eine gewisse Unterstützung in Form von Datenvisualisierung. Wir können R als ein Beispiel dafür verwenden.

Um R zu installieren, besuchen Sie https://cran.rstudio.com/.

Hier wird die aktuelle Version für R installiert.

Tab. 2.1 Data-Mining-Software nach Beliebtheit (rdstats.com)

Rang		
1	R	Offene Quelle
2	SAS	Kommerziell
3	SPSS	Kommerziell
4	WEKA	Offene Quelle
5	Statistica	Kommerziell
5	Rapid Miner	Kommerziell

R-4.2.1 für Windows

Rattle installieren

Doch um Rattle zu installieren, müssen wir eine ältere Version von R installieren. Darum folgen sie bitte genau den Anweisungen:

https://rattle.togaware.com/

So installieren Sie Rattle für Windows 10:

Öffnen Sie das R-Desktop-Symbol (32 Bit oder 64 Bit) und geben Sie den folgenden Befehl an der R-Eingabeaufforderung ein. R wird Sie nach einem CRAN-Spiegel fragen.

mit Windows 10

R herunterladen, installieren und starten von

https://cran.r-project.org/bin/windows/base/old/4.1.3/R-4.1.3-win.exe

```
> install.packages("rattle")
> install.packages("https://access.togaware.com/RGtk2_2.20.36.2.
  zip", repos=NULL)
> library(rattle)
> rattle()
```

Wenn Sie aufgefordert werden, GTK+ zu installieren, klicken Sie auf OK.

Klicken Sie auf OK und Sie werden dann gefragt, ob Sie GTK+ installieren möchten. Klicken Sie auf OK, um dies zu tun. Daraufhin werden die entsprechenden GTK+-Bibliotheken für Ihren Computer heruntergeladen und installiert. Beenden Sie danach R und starten Sie es neu, damit es die neu installierten Bibliotheken finden kann.

Bei der Ausführung von Rattle werden je nach Bedarf eine Reihe anderer Pakete heruntergeladen und installiert, wobei Rattle zuvor die Zustimmung des Benutzers einholt. Sie müssen nur einmal heruntergeladen werden.

Die Installation wurde auf Microsoft Windows 10 64bit, mit R 4.1.3, Rattle 5.5.1 und RGtk2 2.20.36.2 im September 2022 getestet. Wenn Sie etwas vermissen, erhalten Sie eine Meldung von R, die Sie auffordert, ein Paket zu installieren. Klicken Sie in der R-Konsole (siehe Abb. 2.1) auf das Wort „Packages“ in der obersten Zeile.

Geben Sie den Befehl „Pakete installieren“ ein, der Sie zu einem HTTPS-CRAN-Spiegel führt. Wählen Sie eine der Seiten (z. B. „USA(TX) [https]“) und suchen Sie „stringr“ und klicken Sie darauf. Dann laden Sie dieses Paket hoch. Möglicherweise müssen Sie R neu starten.

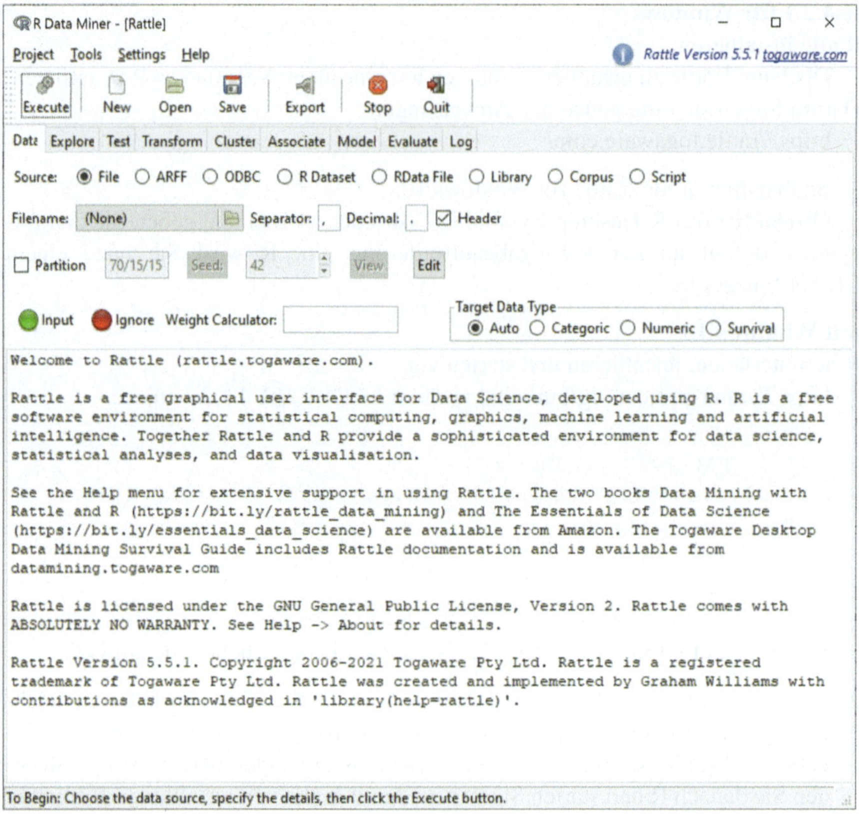

R Data Miner - [Rattle]
Project Tools Settings Help
Rattle Version 5.5.1 togaware.com
Execute New Open Save Export Stop Quit
Data Explore Test Transform Cluster Associate Model Evaluate Log
Source: File ARFF ODBC R Dataset RData File Library Corpus Script
Filename: (None) Separator: , Decimal: . Header
Partition 70/15/15 Seed: 42 View Edit
Input Ignore Weight Calculator:
Target Data Type Auto Categoric Numeric Survival
Welcome to Rattle (rattle.togaware.com).
Rattle is a free graphical user interface for Data Science, developed using R. R is a free software environment for statistical computing, graphics, machine learning and artificial intelligence. Together Rattle and R provide a sophisticated environment for data science, statistical analyses, and data visualisation.
See the Help menu for extensive support in using Rattle. The two books Data Mining with Rattle and R (https://bit.ly/rattle_data_mining) and The Essentials of Data Science (https://bit.ly/essentials_data_science) are available from Amazon. The Togaware Desktop Data Mining Survival Guide includes Rattle documentation and is available from datamining.togaware.com
Rattle is licensed under the GNU General Public License, Version 2. Rattle comes with ABSOLUTELY NO WARRANTY. See Help -> About for details.
Rattle Version 5.5.1. Copyright 2006-2021 Togaware Pty Ltd. Rattle is a registered trademark of Togaware Pty Ltd. Rattle was created and implemented by Graham Williams with contributions as acknowledged in 'library(help=rattle)'.
To Begin: Choose the data source, specify the details, then click the Execute button.

Abb. 2.1 R-Konsole

Falls Sie die R-Konsole auf deutsch sehen wollen, sind folgende Schritte zu beachten:

1. Bei der Installation von R wählen Sie deutsch
2. Bei dem Desktop Item ergänzen Sie folgendes unter Target
   Language = de

R x64 4.1.3de Properties
Security
Details
Previous Versions
General
Shortcut
Compatibility
R x64 4.1.3de
Target type:
Target location: x64
Target:
es\R\R-4.1.3deutsch\bin\x64\Rgui.exe" language=de

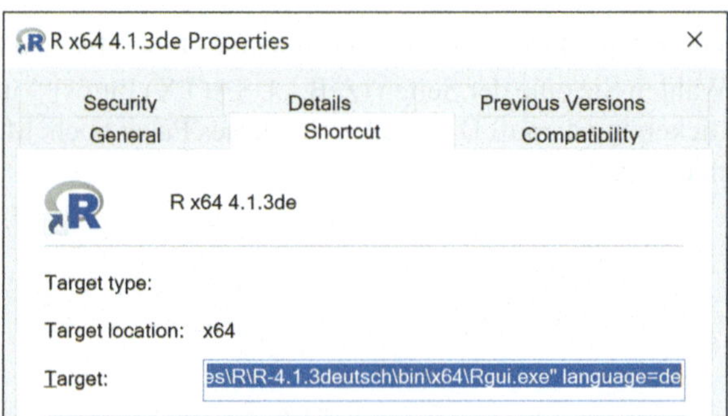

3. Falls Sie dann wie oben Rattle installieren erscheint nun Rattle auf Deutsch
4.

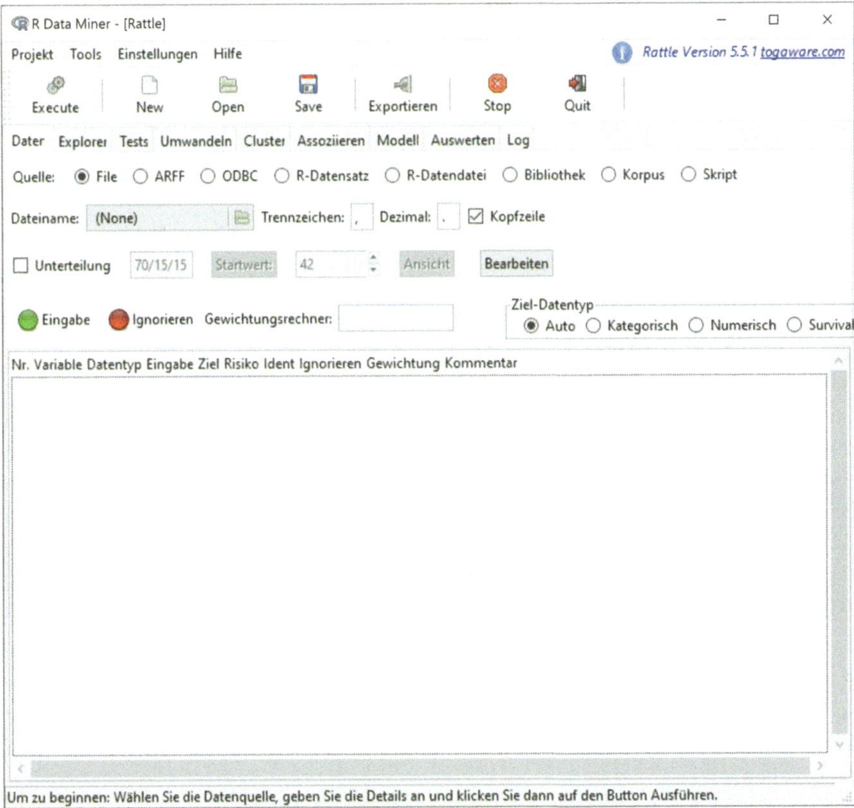

Darlehensdaten

Dieser Datensatz besteht aus Informationen über Antragsteller für Haushaltsgerätekredite. Der vollständige Datensatz, der aus einem früheren Text stammt (Olson und Shi 2007), umfasst 650 Beobachtungen aus der Vergangenheit. Es wird davon ausgegangen, dass die Informationen über Alter, Einkommen, Vermögen, Schulden und Kreditwürdigkeit des Antragstellers (von einer Kreditauskunftei, rot für schlechte Kreditwürdigkeit, gelb für einige Kreditprobleme und grün für eine einwandfreie Kreditwürdigkeit) aus den Kreditanträgen verfügbar sind. Die Variable Wunsch ist der im Kreditantrag für ein Haushaltsgerät beantragte Betrag. Für frühere Beobachtungen ist die Variable Pünktlich 1, wenn alle Zahlungen pünktlich eingegangen sind, und 0, wenn dies nicht der Fall war (Verspätung oder Verzug). Die Mehrheit der vergangenen Kredite wurde pünktlich bezahlt. Vermögen, Schulden und Kreditbetrag (Variable Want) werden in der Regel verwendet, um die kate-

Tab. 2.2 Auszug aus den Darlehensdaten

Alter	Einkommen	Vermögenswerte	Schulden	Suche	Risiko	Kredit	Ergebnis
20	17.152	11.090	20.455	400	hoch	Grün	Pünktlich
23	25.862	24.756	30.083	2300	hoch	Grün	Pünktlich
28	26.169	47.355	49.341	3100	hoch	Gelb	Späte
23	21.117	21.242	30.278	300	hoch	Rot	Standard
22	7127	23.903	17.231	900	niedrig	Gelb	Pünktlich
26	42.083	35.726	41.421	300	hoch	Rot	Späte
24	55.557	27.040	48.191	1500	hoch	Grün	Pünktlich
27	34.843	0	21.031	2100	hoch	Rot	Pünktlich
29	74.295	88.827	100.599	100	hoch	Gelb	Pünktlich
23	38.887	6260	33.635	9400	niedrig	Grün	Pünktlich
28	31.758	58.492	49.268	1000	niedrig	Grün	Pünktlich
25	80.180	31.696	69.529	1000	hoch	Grün	Späte
33	40.921	91.111	90.076	2900	Durchschnitt	Gelb	Späte
36	63.124	164.631	144.697	300	niedrig	Grün	Pünktlich
39	59.006	195.759	161.750	600	niedrig	Grün	Pünktlich
39	125.713	382.180	315.396	5200	niedrig	Gelb	Pünktlich
55	80.149	511.937	21.923	1000	niedrig	Grün	Pünktlich
62	101.291	783.164	23.052	1800	niedrig	Grün	Pünktlich
71	81.723	776.344	20.277	900	niedrig	Grün	Pünktlich
63	99.522	783.491	24.643	200	niedrig	Grün	Pünktlich

goriale Variable Risiko zu erzeugen. Das Risiko wurde als hoch eingestuft, wenn die Schulden das Vermögen überstiegen, als niedrig, wenn das Vermögen die Summe der Schulden plus des beantragten Kreditbetrags überstieg, und als durchschnittlich dazwischen.

Ein Auszug aus den Darlehensdaten ist in Tab. 2.2 dargestellt.

In Abb. 2.2 werden 8 Variablen aus der Datei LoanRaw.csv identifiziert.

Daten laden in Rattle

In Abb. 2.2 zeigen wir, wie Daten geladen werden

Als Quelle wählen Sie „File" und wählen die csv Datei LoanRaw.csw

Standardmäßig hält Rattle 30 % der Datenpunkte für Tests oder andere Zwecke zurück. Damit bleiben 448 Beobachtungen übrig. Wir könnten alle einbeziehen, wenn wir wollten, aber wir fahren mit diesem Trainingssatz fort. In Abb. 2.2 geben wir 70 % Training, 15 % Validierung und 15 % Test an. Die Variablen 3, 4 und 5 werden für die Berechnung der Variablengutschrift verwendet, sind also Duplikate. Durch Anklicken des Optionsfeldes „Ignorieren" werden diese Variablen aus der Analyse gelöscht. Die Ergebnisvariable ist die Variable 8, „Pünktlich", daher sollte der Benutzer sicherstellen, dass das Optionsfeld „Ziel" hervorgehoben ist. Wenn der Benutzer mit den zu analysierenden Variablen zufrieden ist, kann die Schaltfläche Excecute (**Ausführen**) im oberen Menüband ausgewählt werden.

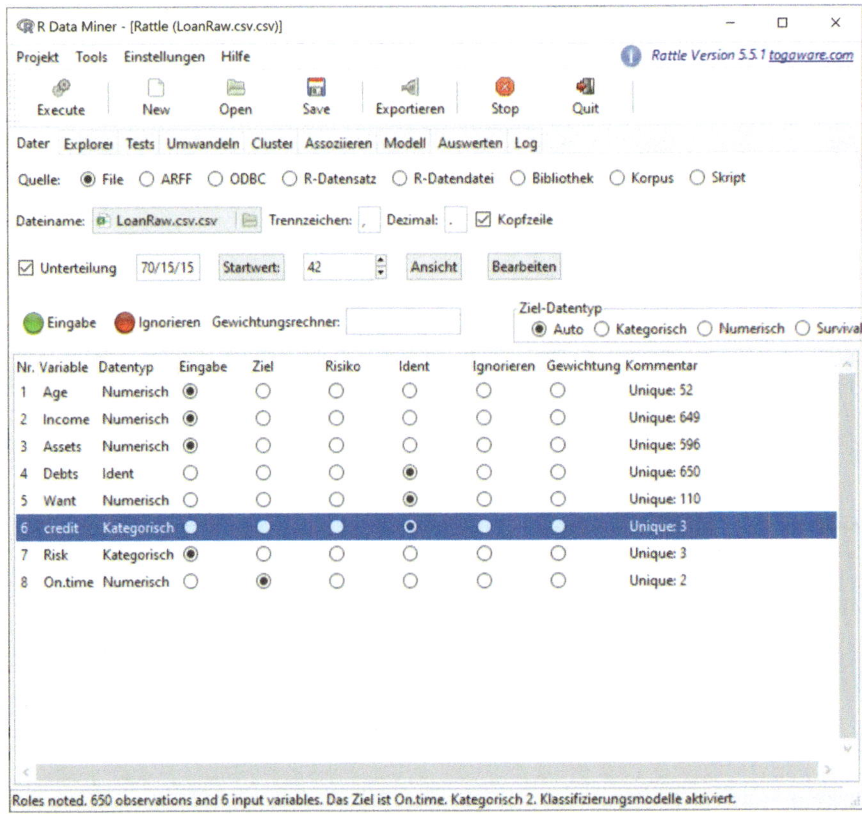

Abb. 2.2 Laden einer Datendatei in R

Als nächstes kann die Registerkarte **Explore** ausgewählt werden, die Abb. 2.3 zeigt, in der der Benutzer verschiedene Visualisierungsanzeigen auswählen kann.

Abb. 2.3 enthält grundlegende Statistiken für kontinuierliche Variablen und die Anzahl der Kategorien für kategoriale Daten. Es gibt eine Reihe von Visualisierungswerkzeugen zur Untersuchung der einzelnen Variablen. In Abb. 2.3 haben wir Boxplots für Alter und Einkommen ausgewählt. Wenn Sie **Excecute** wählen, erhalten Sie Abb. 2.4.

Abb. 2.4 vermittelt einen Eindruck von der Bandbreite und Verteilung von Alter und Einkommen. Das Boxplot für jede Variable wird anhand aller Datenpunkte (in diesem Fall 454) sowie der Ergebnisse der Ergebnisvariablen dargestellt. Aus Abb. 2.4 ist ersichtlich, dass Kreditnehmer, die ihre Kredite rechtzeitig zurückgezahlt haben (On-time = 1), ältere Beobachtungen aufweisen, während Problemkreditnehmer (on-time = 0) eine jüngere Altersverteilung haben.

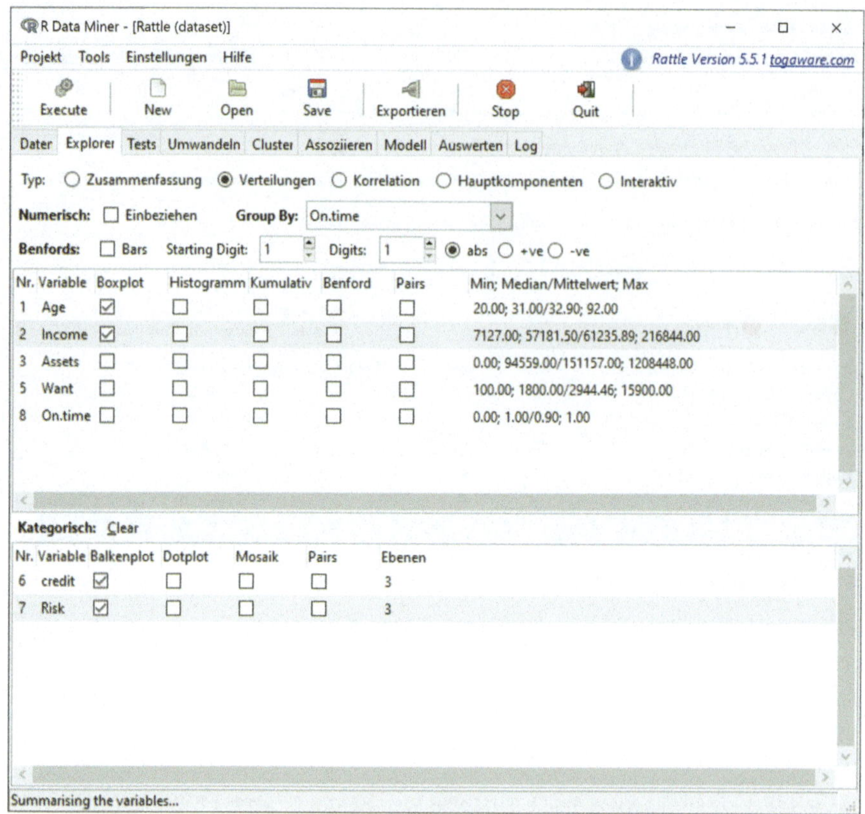

Abb. 2.3 Erste Datenvisualisierung in R

Wir können auch kategorische Variablen durch Balkendiagramme in Abb. 2.5 untersuchen:

Abb. 2.5 zeigt die Verteilungen der Variablen Kredit, Risiko und Pünktlichkeit nach Kategorien. Die Anzeige der Pünktlichkeit ist tautologisch, da die 409 OK-Ergebnisse per Definition OK waren. Die Anzeigen für die Variablen Kredit und Risiko zeigen jedoch den Unterschied zwischen den Ergebnissen der einzelnen Kategorien. Bei den Krediten ist der Anteil der Problemkredite in der Kategorie „Rot" höher als in den Kategorien „Gelb" und „Grün". Bei der Variable Risiko ist der Anteil der Probleme bei „hohem" Risiko deutlich höher als bei „mittlerem" oder „niedrigem" Risiko (wie zu erwarten).

Eine weitere Visualisierungsmöglichkeit ist **Mosaic**. Abb. 2.6 zeigt die Anzeige mit diesem Werkzeug für Kredit und Risiko.

Sie besagt dasselbe wie Abb. 2.5, allerdings in einem anderen Format.

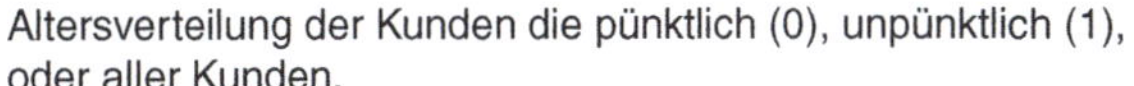

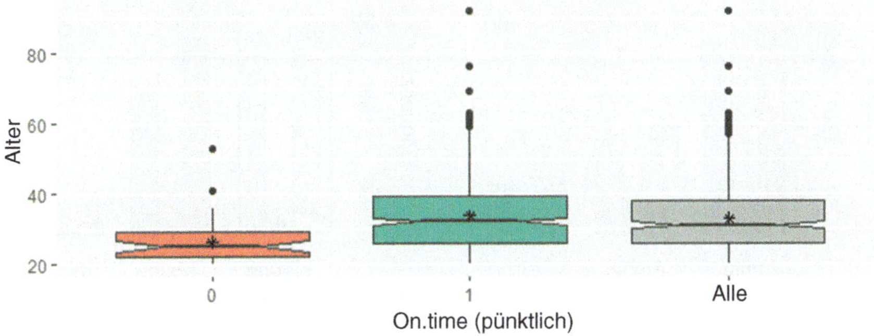

einkommensverteilungverteilung der Kunden die pünktlich (0), unpünktlich (1), oder aller Kunden

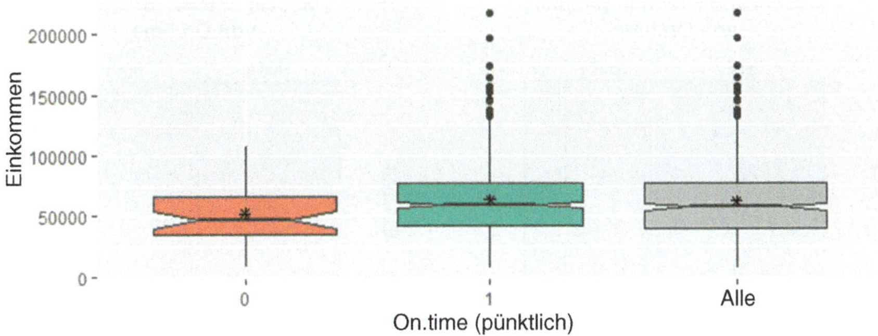

Abb. 2.4 Verteilungsvisualisierung für kontinuierliche Eingangsgrößen

Histogramme sind eine weitere nützliche Funktion von Rattle. Abb. 2.7 zeigt Histogramme für Alter und Einkommen sowie ein gemeinsames Streudiagramm und eine Korrelation, die durch die Überprüfung von **Paaren** erhalten wird.

Diese Ausgabe bietet denselben Informationsgehalt wie die Abb. 2.5 und 2.6, stellt aber eine weitere Möglichkeit dar, den Benutzern die Datenbeziehungen zu zeigen.

Rattle bietet auch eine Anzeige der Hauptkomponenten. Diese wird wie in Abb. 2.8 gezeigt aufgerufen.

Die nach der Auswahl von **Execute** erhaltene Ausgabe ist in Abb. 2.9 dargestellt.

Die Ausgabe ist eine Masse von Beobachtungen zu den beiden Hauptkomponentenvektoren, die der Algorithmus liefert. Die Eingabevariablen Alter und Einkommen bieten einen gewissen Referenzrahmen, der die extremen Beobachtungen auf-

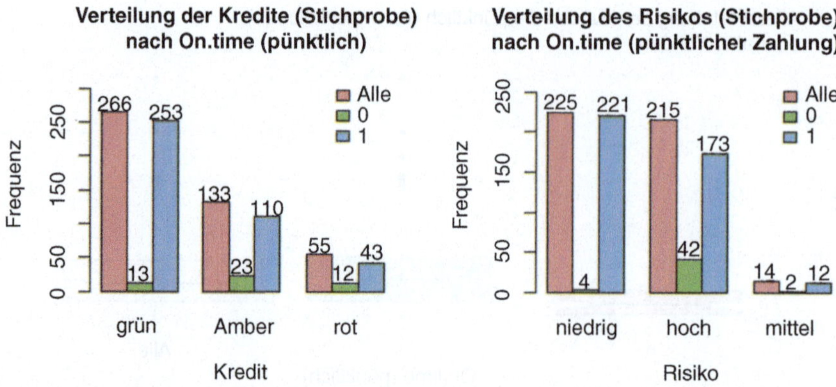

Abb. 2.5 Visualisierung kategorischer Daten in R

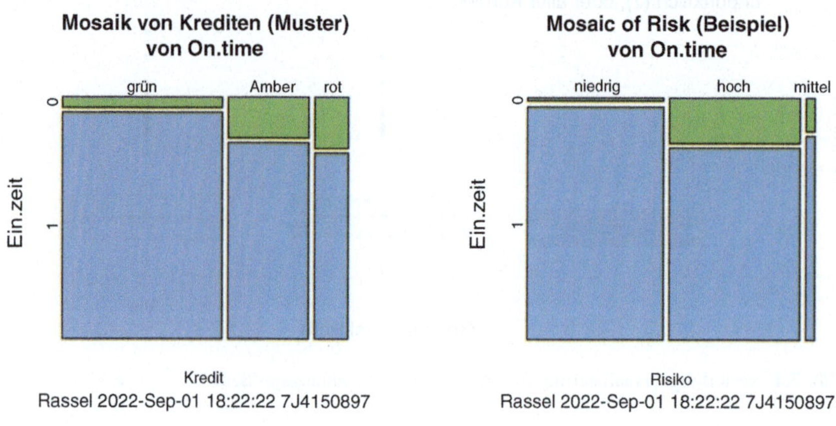

Abb. 2.6 Mosaikplot von R

zeigt. So hat beispielsweise die Beobachtung 104 ein hohes Einkommen, aber ein durchschnittliches Alter, während bei der Beobachtung 295 das Gegenteil der Fall ist. Im Datensatz war das Alter bei Beobachtung 104 45 Jahre und das Einkommen 215.033, während bei Beobachtung 295 das Alter 79 Jahre und das Einkommen 92.010 betrug. Aus Abb. 2.3 geht hervor, dass das Durchschnittsalter 32,90 Jahre und das Durchschnittseinkommen 61.236 Jahre betrug. Dies bietet einen gewissen Bezugsrahmen für die Ausgabe der Hauptkomponenten.

Es gibt noch weitere Hilfsmittel für die Datenvisualisierung. Eines der wichtigsten ist die Korrelation, die in Kap. 6, Clusteranalyse, eingehend behandelt wird. An dieser Stelle werden wir uns auf die grundlegende Datendarstellung konzentrieren, die mit einfacheren Softwaretools möglich ist. Wir werden Excel-Tools verwenden, um eine Visualisierung von Energiedaten zu erhalten.

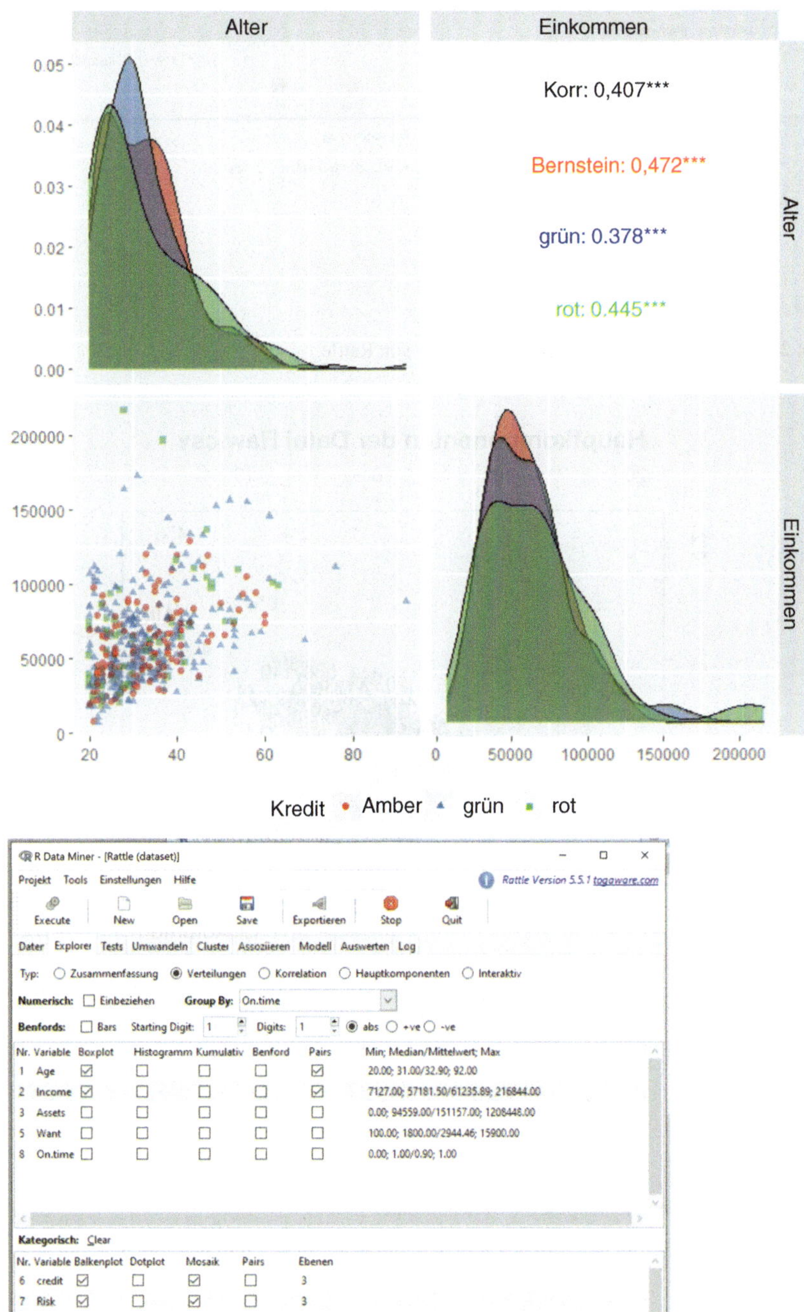

Abb. 2.7 Visualisierung von Histogrammen und Paaren in R und die Optionen um die Graphik zu erstellen

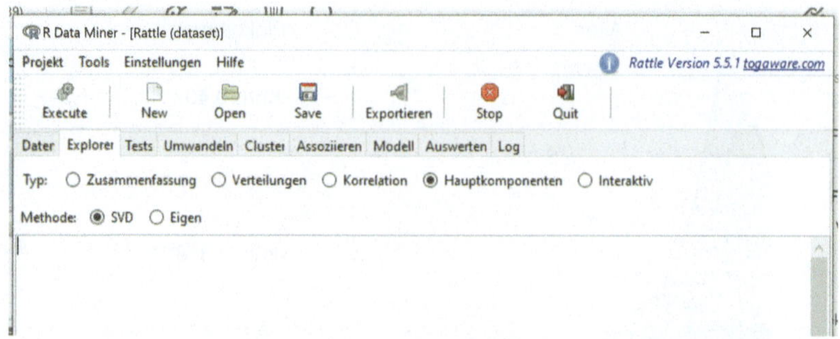

Abb. 2.8 Beschreibung der Hauptkomponenten von Rattle

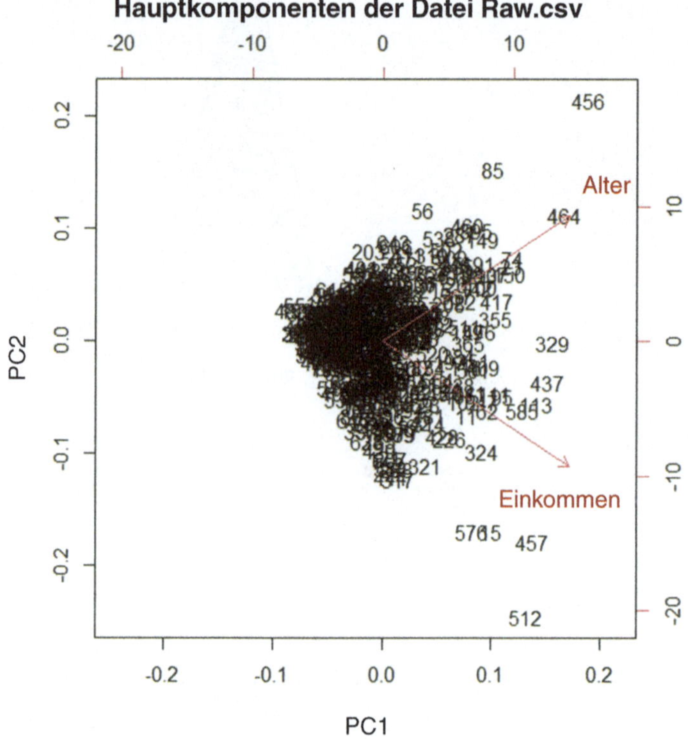

Abb. 2.9 Hauptkomponentenplot für Darlehensdaten in R

Energie-Daten

Energie ist eines der wichtigsten Themen, mit denen unsere Gesellschaft konfrontiert ist. Die Vereinigten Staaten sind durch die Nutzung eines komplexen Energiesystems zu Wohlstand gekommen. Die frühe Entwicklung der USA beruhte auf Mühlen, die mit Wasserkraft betrieben wurden. Ende des 19. Jahrhunderts brachten Edison und Tesla kommerziell nutzbare Elektrizität in die Städte und schließlich auch in die ländlichen Gemeinden. John D. Rockefeller organisierte die Ölindustrie und stellte komplexe Derivate zur Verfügung, die sich in vielen Bereichen als nützlich erwiesen haben. Dazu gehört auch ein Verkehrssystem, das auf benzin- und dieselbetriebenen Fahrzeugen basiert.

Über die Energiepolitik herrscht große Uneinigkeit. Zunächst herrschte die Meinung vor, dass der weltweite Vorrat an Rohöl begrenzt sei und wir kurz davor stünden, ihn zu erschöpfen (Deffeyes 2001). Doch als die Ölpreise in die Höhe schnellten und dann im Frühsommer 2008 einbrachen, schlug das Pendel zurück: Fracking, neue Ölquellen in Kanada und Brasilien und das Bakken-Feld in North Dakota wurden in Betrieb genommen. Während einige Analysten behaupteten, den Saudis ginge das Öl aus, hielten sich die Saudis zurück und haben offenbar noch jede Menge Öl.

Der zweite Punkt bezieht sich auf die globale Erwärmung. Der Meeresspiegel steigt eindeutig an, da Gletscher und kleine Inseln im Pazifik verschwinden, und wir können jetzt tatsächlich Waren über die Nordwestpassage in Nordamerika verschiffen. Dies ist zum Teil auf die Kohlenstoffemissionen zurückzuführen. Eine Lösung besteht darin, die derzeitige Infrastruktur beizubehalten, so dass wir alle unsere eigenen Autos mit saubereren Erdölprodukten fahren und unsere Kohlekraftwerke mit sauberer Kohle betreiben können. Andere sind der Meinung, dass wir unsere derzeitige Kultur abschaffen und auf kohlenstoffhaltige Energiequellen verzichten müssen. Dies ist ein politisches Thema, das nicht verschwinden wird und die Wahlergebnisse auf der ganzen Welt in absehbarer Zukunft bestimmen wird. Es liegt in der Natur der Sache, dass die Menschen unterschiedlicher Meinung sein werden. Leider geht es dabei immer häufiger um Rüstungsgüter. Daher ist es sehr wichtig, die Energiesituation zu verstehen.

Diejenigen, die gegen jegliche Kohlenstoffemissionen sind, schlagen Wind- und Solarenergie vor. Die US-Regierung hat Unternehmen wie Solyndra unterstützt, um eine tragfähige Solarenergieerzeugung zu schaffen. Dabei traten jedoch Probleme auf, und Solyndra meldete im August 2011 Konkurs an (Meiners et al. 2011). Es scheint Probleme zu geben, das physikalisch Mögliche mit der wirtschaftlichen Tragfähigkeit in Einklang zu bringen. Auch die Windenergie birgt einige Probleme. Wenn man nach Nordeuropa fliegt, kann man oft Felder mit 100 sehr großen Windturbinen direkt vor der Küste sehen. Auch vor Brasilien gibt es solche Anlagen.

Auch in den USA gibt es immer mehr Windparks. Aber sie sind für die Anwohner lästig, töten Vögel und sind wie die Solarenergie nicht in der Lage, kontinuierlich Strom zu erzeugen.

Eine weitere Energiequelle, die nicht auf Kohlenstoff basiert, ist die Kernenergie. In den 1950er-Jahren gab es eine starke Bewegung hin zu preiswertem Strom, der erzeugt wurde, indem man das Schwert der Atomwaffen in die Pflugschar der Kernkraftwerke verwandelte. Fast 100 solcher Anlagen wurden in den Vereinigten Staaten gebaut. Doch 1979 kam es zu Problemen in Three Mile Island in Pennsylvania (Levi 2013) und 1986 zu der Katastrophe in Tschernobyl in der Ukraine. Die Menschen wollen keine Kernkraftwerke mehr, und was eine billige Energiequelle war, wurde teuer, nachdem die US Bundesregierung darauf bestand, die Anlagen nachzurüsten, um ein sehr hohes Schutzniveau zu gewährleisten. Hinzu kommt die Frage der Abfallentsorgung, die zu einem wichtigen politischen Thema geworden ist, insbesondere in Nevada.

Es gibt also eine Reihe wichtiger Fragen im Zusammenhang mit der Energieerzeugung in den Vereinigten Staaten wie auch in der Welt. Das US-Energieministerium stellt monatliche Berichte zur Verfügung, die ein interessantes Bild vermitteln, das wir mit einfachen Excel-Tools visualisieren können. Die Quelle dieser Daten im Zeitverlauf ist: http://www.eia.gov/totalenergy/data/monthly/.

Eine der naheliegendsten Möglichkeiten, Zeitreihendaten zu visualisieren, besteht darin, sie im Zeitverlauf darzustellen. Tab. 2.3 zeigt einen Überblick über die Energieerzeugung in den USA, wobei das Aufkommen der geothermischen Energie im Jahr 1970 und der Solar- und Windenergie im Jahr 1990 dargestellt wird. Die Kernenergie wurde erst in den späten 1950er-Jahren in Betrieb genommen und hat im Laufe der Jahre langsam zugenommen. Die Erdgasverflüssigung (NGPL) war 1950 noch gering, hat aber die Wasserkraft überholt. Bei Erdöl gab es starke Schwankungen. Das Volumen der Wasserkraft ist ziemlich konstant und im Vergleich zu Erdgas, Erdöl und Kohle relativ gering.

Grundlegende Visualisierung von Zeitreihen

Abb. 2.1 zeigt das Wachstum der kohlenstoffhaltigen gegenüber der kohlenstofffreien Produktion. Die Daten stammen aus Tab. 2.3, die umorganisiert wurde, indem die Spalten Kohle bis NGPL für Kohlenstoff und die Spalten Kernkraft bis Biomasse für Nicht-Kohlenstoff hinzugefügt wurden. Unter Verwendung der Jahresspalte von Tab. 2.3 als X-Achse zeigt Abb. 2.10 ein Excel-Diagramm für die kohlenstoffbasierte Gesamtmenge gegenüber der kohlenstofffreien Gesamtmenge nach Jahr.

Tab. 2.3 Energieerzeugung der USA

	Fossile Brennstoffe					Erneuerbare Energie							
Jahr	Kohle	NatGas	Rohöl	NGPL	Summe	Kernkraft	Hydro	Geo-thermie	Solar	Wind	Biomasse	Summe	Ingesamt
1950	14.1	6.2	11.4	0.8	32.6	0.0	1.4	NA	NA	NA	1.6	3.0	35.5
1955	12.4	9.3	14.4	1.2	37.3	0.0	1.4	NA	NA	NA	1.4	2.8	40.1
1960	10.8	12.7	14.9	1.4	39.9	0.0	1.6	(s)	NA	NA	1.3	2.9	42.8
1965	13.1	15.8	16.5	1.9	47.2	0.0	2.1	0.0	NA	NA	1.3	3.4	50.6
1970	14.6	21.7	20.4	2.5	59.2	0.2	2.6	0.0	NA	NA	1.4	4.1	63.5
1975	15.0	19.6	17.7	2.3	54.7	1.9	3.2	0.0	NA	NA	1.5	4.7	61.3
1980	18.6	19.9	18.2	2.2	59.0	2.7	2.9	0.1	NA	NA	2.5	5.4	67.1
1985	19.3	17.0	19.0	2.2	57.5	4.1	3.0	0.1	(s)	(s)	3.0	6.1	67.7
1990	22.5	18.3	15.6	2.1	58.5	6.1	3.0	0.2	0.1	0.0	2.7	6.0	70.7
1995	22.1	19.1	13.9	2.4	57.5	7.1	3.2	0.2	0.1	0.0	3.1	6.6	71.1
2000	22.7	19.7	12.4	2.6	57.3	7.9	2.8	0.2	0.1	0.1	3.0	6.1	71.3
2005	23.2	18.6	11.0	2.3	55.0	8.2	2.7	0.2	0.1	0.2	3.1	6.2	69.4
2006	23.8	19.0	10.8	2.3	55.9	8.2	2.9	0.2	0.1	0.3	3.2	6.6	70.7
2007	23.5	19.8	10.7	2.3	56.4	8.5	2.4	0.2	0.1	0.3	3.5	6.5	71.3
2008	23.9	20.7	10.6	2.4	57.5	8.4	2.5	0.2	0.1	0.5	3.9	7.2	73.1
2009	21.6	21.1	11.3	2.5	56.6	8.4	2.7	0.2	0.1	0.7	4.0	7.6	72.6
2010	22.0	21.8	11.6	2.7	58.2	8.4	2.5	0.2	0.1	0.9	4.6	8.3	74.9
2011	22.2	23.4	12.0	2.9	60.5	8.3	3.1	0.2	0.1	1.2	4.7	9.3	78.1
2012	20.7	24.6	13.8	3.2	62.3	8.1	2.6	0.2	0.2	1.3	4.6	8.9	79.3
2013	20.0	24.9	15.9	3.5	64.2	8.2	2.6	0.2	0.2	1.6	4.8	9.4	31.9
2014	20.3	26.7	18.6	4.0	69.6	8.3	2.5	0.2	0.3	1.7	5.1	9.8	87.8

(Fortsetzung)

Tab. 2.3 (Fortsetzung)

	Fossile Brennstoffe					Erneuerbare Energie							
Jahr	Kohle	NatGas	Rohöl	NGPL	Summe	Kernkraft	Hydro	Geo-thermie	Solar	Wind	Biomasse	Summe	Ingesamt
2015	17.9	28.1	19.7	4.5	70.2	8.3	2.3	0.2	0.4	1.8	5.0	9.8	88.3
2016	14.7	27.6	18.5	4.7	65.4	8.4	2.5	0.2	0.6	2.1	5.1	10.5	84.3
2017	15.6	28.3	19.5	5.0	68.4	8.4	2.8	0.2	0.8	2.3	5.2	11.3	88.1
2018	15.4	31.9	22.8	5.7	75.8	8.4	2.7	0.2	0.9	2.5	5.3	11.6	95.8
2019	14.3	35.2	25.6	6.4	81.4	8.5	2.6	0.2	1.0	2.6	5.2	11.6	101.4
2020	10.7	34.7	23.6	6.8	75.8	8.3	2.5	0.2	1.2	3.0	4.8	11.7	95.7
2021	11.6	35.4	23.4	7.1	77.5	8.1	2.3	0.2	1.5	3.3	5.0	12.3	97.9

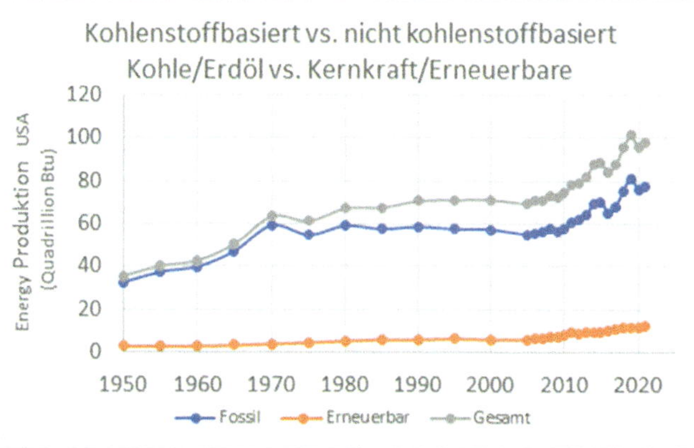

Abb. 2.10 Kohlenstoff- versus kohlenstofffreie US-Produktion

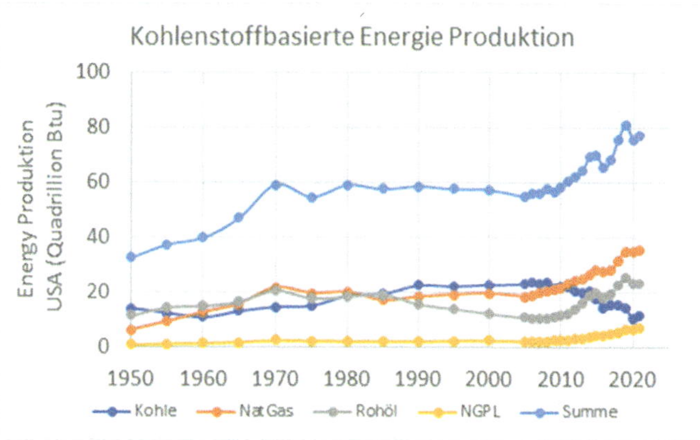

Abb. 2.11 US-Produktion von kohlenstoffbasierter Energie

Abb. 2.10 zeigt, dass es bei der kohlenstoffbasierten Energieerzeugung größere Schwankungen gegeben hat. Um 1965 wurde ein Höchststand erreicht, der 1970 mit der Verlangsamung der Wirtschaft zurückging. Das Wachstum setzte 1975 wieder ein, doch kam es zu einem Rückgang aufgrund des massiven Anstiegs der Ölpreise durch die OPEC und die Iran-Krise. Die kohlenstoffbasierte Produktion stagnierte und ging um das Jahr 2000 sogar zurück. Zu dieser Zeit herrschte die Meinung vor, dass wir einen „Peak Oil"-Punkt erreicht hätten, an dem die verfügbaren Reserven endlich seien und bald zu Ende gehen würden (Simmons 2005). Die Saudis behaupteten jedoch weiterhin, dass sie über reichlich Reserven verfügten, und in den USA wurde ein neues großes Feld in North Dakota in Betrieb genommen, während Fracking die Produktion aus alten Ölfeldern erhöhte. Die USA wurden so vom Nettoimporteur zum Nettoexporteur. Abb. 2.10 zeigt, dass die Ölförderung zunimmt. Aus Tab. 2.3 geht hervor, dass die Kohleförderung zurückgeht, während die Erdgas- und Rohölförderung deutlich zunimmt. Diese Informationen werden in Abb. 2.11 grafisch dargestellt.

Was die alternativen Energien betrifft, so zeigt Abb. 2.12 den geringen Anteil der US-Energieerzeugung aus Wind- und Sonnenenergie, den wichtigsten alternativen Energiequellen.

Tab. 2.4 zeigt den jährlichen US-Verbrauch in Billionen BTUs nach Sektoren.

In Abb. 2.13 ist der Energieverbrauch der USA nach Sektoren grafisch dargestellt.

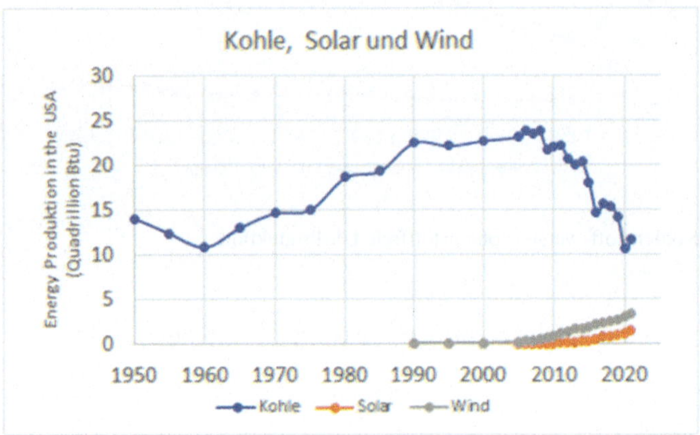

Abb. 2.12 Vergleich von Kohle-, Solar- und Windenergie – USA

Tab. 2.4 US-Billionen BTUs/Jahr Verbrauch nach Sektor

Jahr	Wohnen	Gewerbe	Industrie	Transport
1950	5989	3893	16224	8492
1955	7278	3895	19455	9550
1960	9040	4610	20795	10596
1965	10640	5846	25035	12432
1970	13766	8346	29605	16098
1975	14814	9493	29379	18245
1980	15754	10578	31994	19697
1985	16042	11451	28758	20088
1990	16941	13317	31750	22419
1995	18517	14690	33910	23812
2000	20422	17176	34589	26515
2005	21613	17854	32374	28261
2006	20671	17708	32317	28697
2007	21520	18253	32306	28815
2008	21668	18403	31261	27421
2009	21082	17888	28380	26592
2010	21895	18060	30577	26975
2011	21382	17983	30896	26603

(Fortsetzung)

Tab. 2.4 (Fortsetzung)

Jahr	Wohnen	Gewerbe	Industrie	Transport
2012	19870	17424	30958	26132
2013	21052	17930	31531	26618
2014	21446	18265	31702	26880
2015	20618	18157	31375	27256
2016	20179	18030	31366	27813
2017	19887	17900	31821	28051
2018	21510	18440	32785	28507
2019	21073	18013	32706	28673
2020	20553	16749	31234	24442
2021	20884	17410	32105	26933

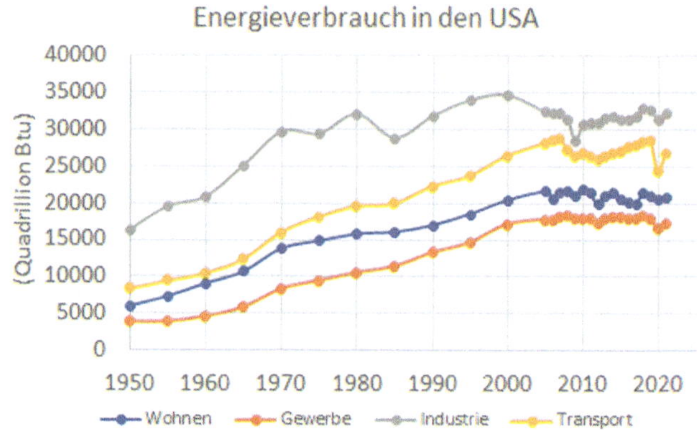

Abb. 2.13 Darstellung des US-Energieverbrauchs nach Sektoren

Aus Abb. 2.13 geht hervor, dass alle Sektoren gewachsen sind, mit einer kleinen Delle während der Wirtschaftskrise 2008. Am schwankungsanfälligsten ist der größte Sektor, die Industrie, die im Zusammenhang mit dem OPEC-Beitritt 1973 (der den Ölpreis erheblich ansteigen ließ und für den Rest der 1970er-Jahre eine intensive Inflation nach sich zog) und um 1985, als die Iran-Krise zu einem weiteren starken Anstieg des Rohölpreises führte, einen Abschwung erlebte. Seit dem Jahr 2000 ist ein deutlicher Rückgang des industriellen Verbrauchs zu verzeichnen. Auch der Verbrauch der Privathaushalte ist zwischen 2010 und 2015 etwas zurückgegangen. Der Verbrauch im Verkehrssektor stieg in jedem Zeitraum an, mit Ausnahme der Zeit um die globale Finanzkrise 2008.

Abb. 2.14 zeigt eine andere Art der Datenanzeige. (https://www.eia.gov/totalenergy/data/monthly/)

In diesem Fall überwacht das Energieministerium detaillierte Flüsse von Produktionsquellen zu Verbrauchssektoren.

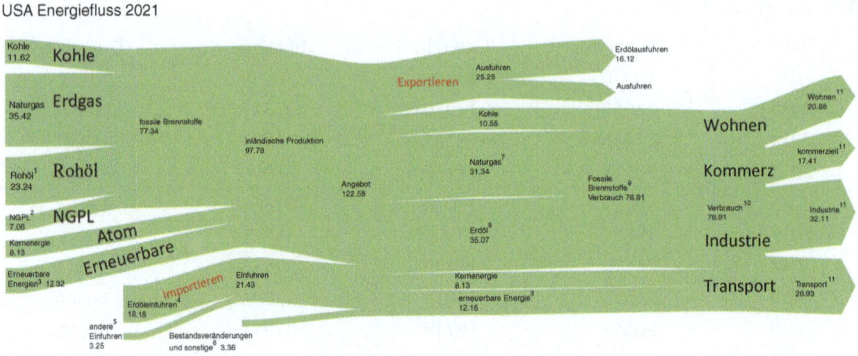

Abb. 2.14 US DOE-Darstellung der Energieströme im Jahr 2021

Diese hervorragende Grafik gibt einen Überblick über die komplexen Ströme in aggregierter Form. Wir haben die einzelnen jährlichen Diagramme (verfügbar seit 2001 unter https://www.eia.gov/totalenergy/data/annual/archive/energyflow.php) genommen und die Werte für die wichtigsten Inputs und Outputs in Tab. 2.5 extrahiert.

Diese Daten für die Quellenseite der Gleichung (die linke Seite von Abb. 2.14) werden in Excel grafisch dargestellt und ergeben Abb. 2.15.

Aus diesem Schaubild geht hervor, dass die Importe die wichtigste Energiequelle der USA waren, was die Öffentlichkeit beunruhigte, da sie befürchtete, dass die Ölreserven ihren Höhepunkt erreicht hatten. Um 2011 herum stieg jedoch die Rohölproduktion durch Fracking und die Ölförderung in North Dakota. Die Einfuhren gingen entsprechend zurück, und die Vereinigten Staaten sind heute der führende Ölproduzent der Welt. Die gleichen Informationen können für jedes beliebige Jahr in einem Tortendiagramm dargestellt werden, wie in Abb. 2.16.

Abb. 2.17 stellt die rechte Seite von Abb. 2.14 dar.

Die gleichen Informationen für das Jahr 2015 in Form eines Kreisdiagrammes sind in Abb. 2.18 dargestellt.

Der Verbrauch ist recht stabil, mit einem Rückgang des industriellen Verbrauchs im Jahr 2009 (als Reaktion auf die Finanzkrise 2008). Die Ausfuhren waren bis 2007 recht gering, danach stiegen sie stetig an.

Abb. 2.19 zeigt eine weitere Grafik des Energieministeriums, in diesem Fall mit Einzelheiten zu jeder wichtigen Quelle und jedem wichtigen Verbrauchssektor.

Diese Daten wurden in tabellarischer Form in Tab. 2.6 durch Multiplikation der angegebenen Prozentsätze mit den angegebenen Mengen extrahiert. Die Rundung führt zu einer gewissen Ungenauigkeit.

Der größte Teil des Stroms wird aus Erdgas gewonnen (etwa 32 % im Jahr 2017). Dies ist auf die US Bundespolitik zurückzuführen, die darauf abzielt, die Stromerzeugung von der Kohle weg zu verlagern. Diese Politik zielt darauf ab, dass der Sektor der erneuerbaren Energien wächst, aber derzeit macht diese Quelle nur 19 % der Stromerzeugung aus (gegenüber 13 % im Jahr 2015). Die Energie für den Verkehr stammt überwiegend aus Erdöl. Die aktuelle Regierungspolitik setzt auf Elek-

Tab. 2.5 US-Energie nach Quellen und Sektoren

	Kohle	Erdgas	Rohöl	NGPL	Kernkraft	Erneuerbare	Import	Export	Wohnen	Gewerbe	Industrie	Transport
2001	23.4	19.8	12.4	2.5	8.0	5.5	29.7	3.9	20.2	17.4	32.6	26.8
2002	22.6	19.6	12.3	2.6	8.2	5.9	29.0	3.7	20.9	17.4	32.5	26.5
2003	22.3	19.6	12.2	2.3	8.0	6.2	31.0	4.1	21.2	17.6	32.5	26.9
2004	22.7	19.3	11.5	2.5	8.2	6.1	33.0	4.4	21.2	17.5	33.3	27.8
2005	23.1	18.8	10.8	2.3	8.1	6.1	34.3	4.6	21.9	18.0	32.0	28.1
2006	23.8	19.0	10.9	2.4	8.2	6.8	34.5	4.9	21.1	18.0	32.4	28.4
2007	23.5	19.8	10.8	2.4	8.4	6.8	34.6	5.4	21.8	18.4	32.3	29.1
2008	23.9	21.2	10.5	2.4	8.5	7.3	32.8	7.1	21.6	18.5	31.2	27.9
2009	21.6	21.5	11.2	2.5	8.4	7.8	29.8	6.9	21.2	18.2	28.2	27.0
2010	22.1	22.1	11.7	2.7	8.4	8.1	29.8	8.2	22.2	18.2	30.1	27.5
2011	22.2	23.5	12.0	2.9	8.3	9.2	28.6	10.4	21.6	18.0	30.6	27.1
2012	20.7	24.6	13.8	3.3	8.1	6.8	27.1	11.4	20.1	17.4	30.8	26.8
2013	20.0	24.9	15.8	3.5	8.3	9.3	24.5	11.8	21.1	17.9	31.5	27.0
2014	20.3	26.4	18.3	4.0	8.3	9.7	23.3	12.2	21.5	18.3	31.3	27.1
2015	18.2	28.0	20.0	4.5	8.3	9.7	23.6	13.1	20.9	18.0	31.1	27.7
2016	14.6	27.4	18.6	4.7	8.4	10.1	25.4	13.9	20.4	18.2	30.8	27.9
2017	15.6	27.9	19.5	5.1	8.4	11.1	25.3	17.9	20.0	18.0	31.5	28.2
2018	15.3	31.6	22.8	5.9	8.4	11.7	24.8	21.2	21.6	18.6	32.6	28.4
2019	14.3	34.9	25.4	6.3	8.5	11.6	22.8	23.5	21.2	18.2	32.5	28.3
2020	10.7	34.7	23.6	6.8	8.3	11.8	20.0	23.5	20.8	16.8	31.1	24.3
2021	11.6	35.4	23.2	7.1	8.1	12.3	21.4	25.3	20.9	17.4	32.1	26.9

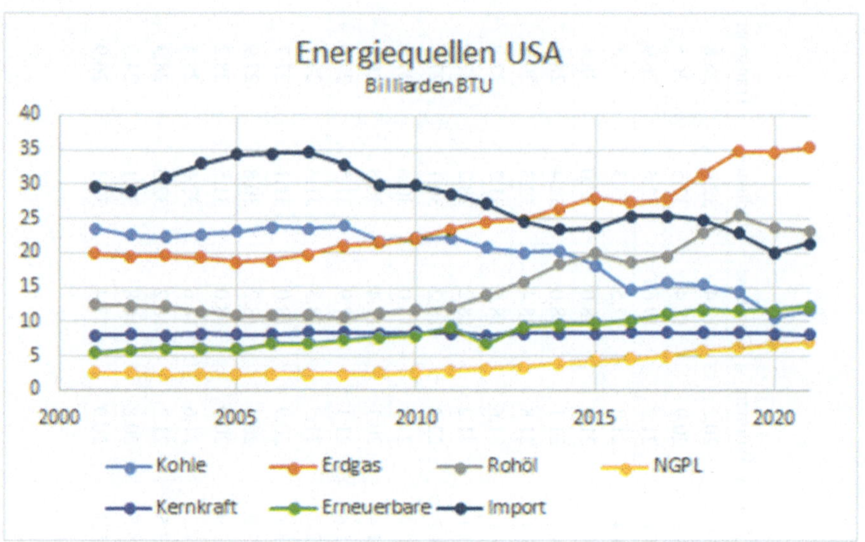

Abb. 2.15 Darstellung der US-Energiequellen

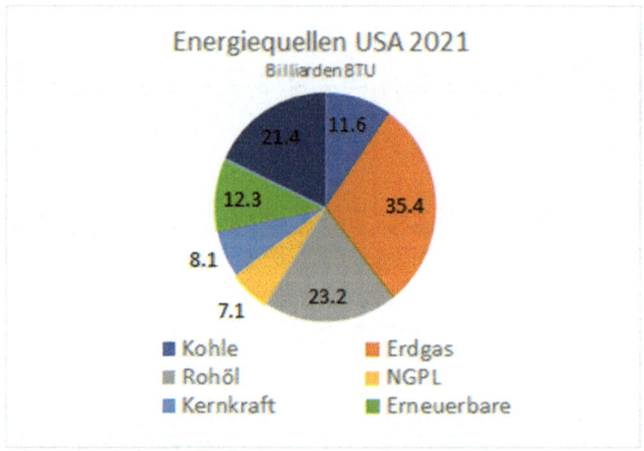

Abb. 2.16 Kreisdiagramm der US-Energiequellen im Jahr 2021

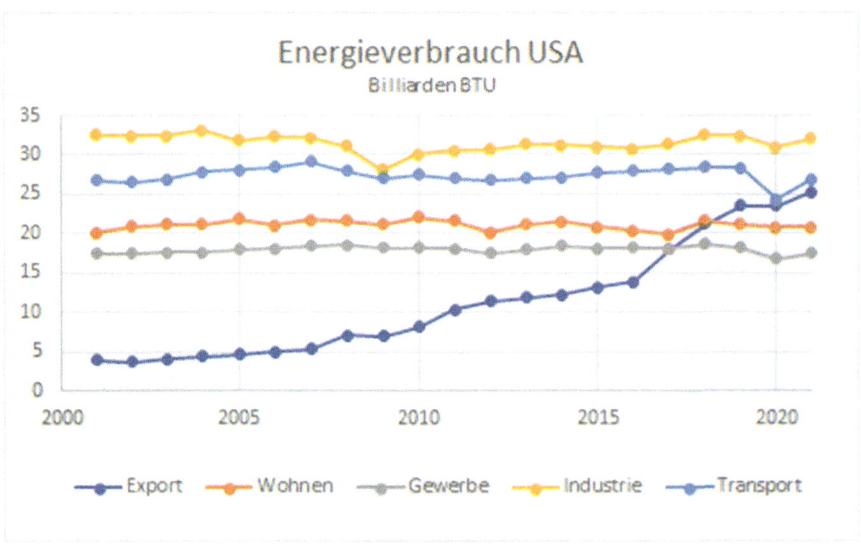

Abb. 2.17 Darstellung des US-Energieverbrauchs

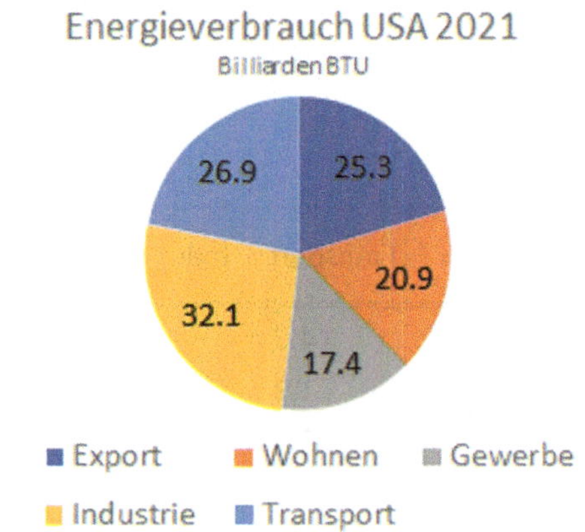

Abb. 2.18 US-Energieverbrauch nach Sektoren im Jahr 2021

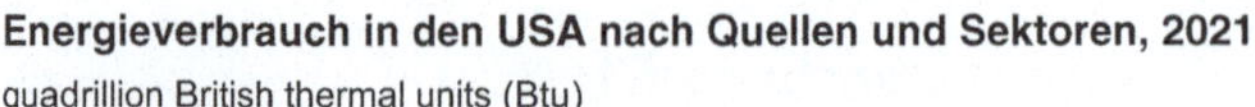

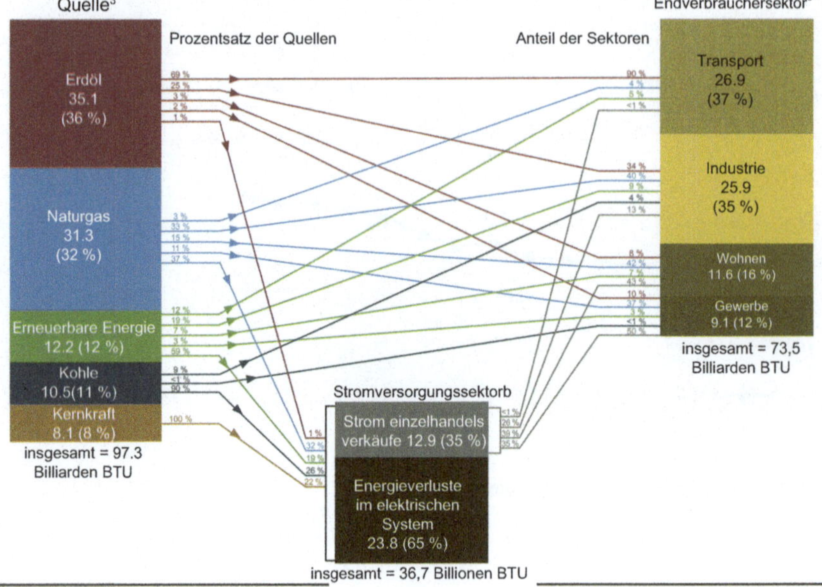

Abb. 2.19 US DOE-Darstellung der US-Energieflüsse im Jahr 2021

Tab. 2.6 US-Energiefluss-2021

2021	Billiarden Btu	Transport	Industrie	Wohnen	Gewerbe
Petro	35.1	24.2	8.8	1.2	0.9
Erdgas	31.3	1.1	11.8	9.7	9.2
Kohle	10.5	0.1	2.2	4.1	4.8
Erneuerbare	12.2	1.5	3.3	3.9	4.0
Kernenergie	8.1	0.1	1.1	3.5	4.1
Summen	97.3	27.0	27.1	22.4	23.0

trofahrzeuge, aber von einem nachhaltigen System elektrisch betriebener Fahrzeuge sind wir noch weit entfernt. Außerdem würden sie den Bedarf an Elektrizität noch erhöhen. Erdgas wurde in den 1970er-Jahren von der Regierungspolitik zurückgedrängt, hat sich aber wieder erholt und ist zu einer wachsenden Energiequelle geworden, die flexibel genug ist, um eine Reihe von Energieverbrauchern zu versorgen.

Schlussfolgerung

Dieses Kapitel hat die Spitze eines sehr großen Eisbergs in Bezug auf die Datenvisualisierung gestreift. Datenvisualisierung ist wichtig, da sie den Menschen ein erstes Verständnis für Daten vermittelt, die in unserer heutigen Kultur überwältigend sind. Wir haben zwei Arten der Datenvisualisierung vorgestellt. Data-Mining-Software stellt Werkzeuge zur Verfügung, wie sie in R gezeigt wurden. Excel bietet ebenfalls viele Werkzeuge, die für die Millionen von Nutzern von Microsoft-Produkten zugänglich sind. Beide sind keine Monopolisten, und es gibt andere Produkte, die mehr und bessere Visualisierungsunterstützung bieten können. Diese Quellen haben den Vorteil, dass sie erschwinglich sind.

Wir haben uns intensiv mit einem bestimmten Bereich von Daten beschäftigt, die aus Veröffentlichungen der US-Regierung stammen. Die meiste Arbeit beim Data-Mining besteht darin, Daten zu beschaffen und dann zu ermitteln, welche spezifischen Daten für das jeweilige Problem benötigt werden. Wir haben uns mit der Visualisierung von Zeitreihen befasst, die für eine Reihe von wichtigen Energiefragen aufschlussreich sein können.

Literatur

Deffeyes KS (2001) Hubbert's peak: the impending world oil shortage. Princeton University Press, Princeton

Levi M (2013) The power surge: energy, opportunity, and the battle for America's future. Oxford University Press, Oxford

Meiners RE, Morriss A, Bogart WT, Dorchak A (2011) The false promise of green energy. Cato Institute, Washington, DC

Olson DL, Shi Y (2007) Introduction to business Data-Mining. McGraw-Hill/Irwin, New York

Simmons MR (2005) Twilight in the desert: the coming Saudi oil shock and the world economy. Wiley, Hoboken

Kapitel 3
Warenkorb-Analyse

Zusammenfassung Wissensentdeckung ist das Bemühen, Informationen aus Daten zu finden. Aus heutiger Sicht ist es die Anwendung von Werkzeugen (aus der Statistik und der künstlichen Intelligenz), um interessante Muster aus Daten zu extrahieren, die in großen Datenbanken gespeichert sind. **Interessant** bedeutet hier nicht-triviales, implizites, bisher unbekanntes und leicht verständliches und beschriebenes Wissen, das genutzt werden kann (**actionable**). Eine der ersten Anwendungen von Data-Mining zur Generierung von interessantem Wissen für Unternehmen war die Warenkorbanalyse (Agrawal et al. in IEEE Transactions on Knowledge and Data Engineering 5(6): 914–925, 1995).

Wissensentdeckung ist das Bemühen, Informationen aus Daten zu finden. Aus heutiger Sicht ist es die Anwendung von Werkzeugen (aus der Statistik und der künstlichen Intelligenz), um interessante Muster aus Daten zu extrahieren, die in großen Datenbanken gespeichert sind. **Interessant** bedeutet hier nicht-triviales, implizites, bisher unbekanntes und leicht verständliches und beschriebenes Wissen, das genutzt werden kann (**actionable**). Eine der ersten Anwendungen von Data-Mining zur Generierung von interessantem Wissen für Unternehmen war die Warenkorbanalyse (Agrawal et al. 1993).

Die Warenkorbanalyse bezieht sich auf Methoden, die die Zusammensetzung eines Warenkorbs von Produkten untersuchen, die bei einem einzigen Einkauf gekauft werden. Diese Technik wird häufig in Lebensmittelgeschäften (sowie in anderen Einzelhandelsgeschäften, z. B. Restaurants) angewandt. Marktbasierte Daten in ihrer einfachsten Form wären die Transaktionsliste der Einkäufe eines Kunden, in der nur die gemeinsam gekauften Artikel (mit ihren Preisen) aufgeführt sind. Diese Daten sind aufgrund einer Reihe von Aspekten eine Herausforderung:

D. L. Olson, G. Lauhoff, *Deskriptives Data-Mining*,
https://doi.org/10.1007/978-3-031-21274-1_3

- Eine sehr große Anzahl von Datensätzen (oft Millionen von Transaktionen pro Tag)
- Sparsamkeit (jeder Warenkorb enthält nur einen kleinen Teil der mitgeführten Artikel)
- Heterogenität (Personen mit unterschiedlichen Geschmäckern neigen dazu, eine bestimmte Untergruppe von Artikeln zu kaufen).

Ziel der Warenkorbanalyse ist es, festzustellen, welche Produkte tendenziell zusammen gekauft werden. Durch die Analyse von Daten auf Transaktionsebene können Kaufmuster ermittelt werden, z. B. welche Tiefkühlgemüse und -beilagen während der Grillsaison zusammen mit Steaks gekauft werden. Anhand dieser Informationen lässt sich bestimmen, wo die Produkte im Laden platziert werden sollen, und sie helfen bei der Bestandsverwaltung. Produktpräsentationen und Personaleinsatz können intelligenter für bestimmte Tageszeiten, Wochentage oder Feiertage geplant werden. Eine weitere kommerzielle Anwendung ist das elektronische Gutscheine, bei dem der Nennwert der Gutscheine und der Zeitpunkt der Verteilung anhand der aus den Warenkörben gewonnenen Informationen angepasst werden. Es gibt viele Anwendungen, die über die Analyse von Kunden in Einzelhandelsgeschäften hinausgehen. In der Wirtschaft kann die Warenkorbanalyse die Entscheidungsfindung in Bezug auf Mitarbeiterleistungen, dysfunktionales Mitarbeiterverhalten oder die Identifizierung von unternehmerischen Talenten unterstützen. Sie wurde auch in der Bioinformatik, der Pharmazie, der Geophysik und der Nuklearwissenschaft eingesetzt (Aguinis et al. 2013).

Definitionen

Die Warenkorbanalyse untersucht die Tendenz der Kunden, Produkte zusammen zu kaufen. Dabei kann es sich um den gleichzeitigen Kauf von Produkten handeln, wie Milch und Kekse oder Brot, Butter und Marmelade. Es kann sich auch um sequenzielle Beziehungen handeln, wie z. B. der Kauf eines Hauses, gefolgt vom Kauf von Möbeln, oder der Kauf eines Autos in einem Jahr und der Kauf neuer Reifen zwei Jahre später. Die Kenntnis von Kundentendenzen kann für Einzelhandelsunternehmen sehr wertvoll sein. Informationen über den Kaufzeitpunkt können nützlich sein. Es ist beispielsweise zu erwarten, dass der Kauf von Fußballspielen am Montagabend den Verkauf am Montagnachmittag ankurbelt, so dass es für die Geschäfte ratsam sein kann, für einen ausreichenden Vorrat an Bier und Kartoffelchips zu sorgen. Andere Informationen sind möglicherweise nicht nützlich, wie z. B. die vermutete Beziehung zwischen der Eröffnung eines neuen Baumarktes und dem Verkauf von Toilettenringen (Berry und Linoff 1997). Diese Informationen haben keinen verwertbaren Inhalt. Während Baumärkte vielleicht sicherstellen wollen, dass sie bei der Eröffnung Toilettenringe vorrätig haben, haben Marktkorbinformationen keinen wirklichen Wert, es sei denn, sie enthalten Informationen, die erklärt werden können (die Schlussfolgerungen sollten Sinn ergeben).

Die Warenkorbanalyse ist (ebenso wie das Clustering) ein ungerichteter Data-Mining-Vorgang, bei dem nach Mustern gesucht wird, die zuvor unbekannt waren.

Dies macht sie zu einer Form der Wissensentdeckung. Die Warenkorbanalyse beginnt mit der Kategorisierung des Kaufverhaltens der Kunden. Der nächste Schritt besteht darin, verwertbare Informationen zur Verbesserung der Rentabilität nach Kaufprofilen zu ermitteln. Sobald die Rentabilität nach Einkaufsprofil bekannt ist, verfügen Einzelhändler über faktische Daten, die für wichtige Entscheidungen genutzt werden können. Die Einteilung von Einzelhandelsgeschäften nach Einkaufskategorien wird als **Affinitätspositionierung** bezeichnet. Ein Beispiel ist die Einordnung von Kaffee und Kaffeemaschinen in den Bereich Büroartikel. Die Affinität kann auf verschiedene Weise gemessen werden, wobei die einfachste die Korrelation ist. Wenn die Produktpositionierung eine Rolle spielt, geht ein Modell für die Ladenwahl davon aus, dass Veränderungen im Kundenmix aufgrund von Marketingaktivitäten zu Korrelationen führen. Wenn die Produktpositionierung keine Rolle spielt, gehen globale Nutzenmodelle von einer Kategorie übergreifenden Abhängigkeit aufgrund der Verbraucherwahl aus. In beiden Fällen ist es wichtig zu wissen, welche Produkte tendenziell zusammen verkauft werden. **Querverkauf** (auch *Kreuzverkauf*, englisch *Cross-Selling*) bezieht sich auf die Neigung des Käufers eines bestimmten Artikels, einen anderen Artikel zu kaufen. Einzelhandelsgeschäfte können den Querverkauf maximieren, indem sie die Produkte, die von denselben Verbrauchern gekauft werden, an Orten platzieren, an denen beide Produkte zu sehen sind. Ein gutes Beispiel für Querverkauf sind Orangensaft, Erkältungsmedikamente und Taschentücher, die alle für Verbraucher mit Erkältungen attraktiv sind. Mit Hilfe der Warenkorbanalyse lässt sich feststellen, welche Produkte zusammen gekauft werden. Solche Informationen können bei der effektiveren Gestaltung von Geschäften oder Katalogen sowie bei der Auswahl von Produkten für die Verkaufsförderung nützlich sein. Diese Informationen werden in der Regel für die Planung von Werbung und Verkaufsförderung, die Platzierung von Produkten und die persönliche Kundenbetreuung verwendet.

Die Warenkorbanalyse kann für die wirksame Auswahl von Werbeaktionen von entscheidender Bedeutung sein. Durch die Analyse können verborgene Verbrauchermuster aufgedeckt und lukrative Möglichkeiten zur gemeinsamen Verkaufsförderung von Produkten ermittelt werden. Schmidt berichtete, dass italienische Hauptgerichte, Pizza, Backwaren, orientalische Hauptgerichte und Orangensaft am empfindlichsten auf Preisaktionen reagieren. Die Analyse hat eine hohe Korrelation zwischen Orangensaft und Waffelverkäufen ergeben. Bei der Data-Mining-Analyse geht es nicht nur darum, solche Korrelationen zu erkennen, sondern auch darum, einen Grund für diese Beziehungen zu finden und, was noch wichtiger ist, Wege zur Steigerung des Gesamtgewinns zu finden.

Koinzidenz (auch Gleichzeitiges Auftreten (Co-occurance)

Eine einfache Warenkorbanalyse kann mit einer **Koinzidenztabelle** beginnen, in der die Anzahl der Fälle einer bestimmten Stichprobengröße aufgelistet ist, in denen Produkte gemeinsam gekauft werden. Zum Beispiel könnten sechs Kunden Produkte in ihren Warenkörben haben, wie in Tab. 3.1 dargestellt.

Tab. 3.1 Mögliche Warenkörbe für den Lebensmittelhandel

Kunde Nr. 1	Bier, Brezeln, Kartoffelchips, Aspirin
Kunde Nr. 2	Windeln, Babylotion, Grapefruitsaft, Babynahrung, Milch
Kunde #3	Limonade, Kartoffelchips, Milch
Kunde #4	Suppe, Bier, Milch, Eiscreme
Kunde $ 5	Limonade, Kaffee, Milch, Brot
Kunde #6	Bier, Kartoffelchips

Tab. 3.2 Mögliche Warenkörbe für Lebensmittel, dargestellt im Binärformat

Kaufen Sie	Bier	Kartoffelchips	Milch	Windeln	Sprudel
1	1	1	0	0	0
2	0	0	1	1	0
3	0	1	1	0	1
4	1	0	1	0	0
5	0	0	1	0	1
6	1	1	0	0	0

Tab. 3.3 Koinzidenztabelle

	Bier	Kartoffelchips	Milch	Windeln	Sprudel
Bier	3	2	1	0	0
Kartoffelchips	2	3	1	0	1
Milch	1	1	4	1	2
Windeln	0	0	1	1	0
Sprudel	0	1	2	0	2

Diese Informationen werden unter Berücksichtigung von fünf Produkten in Tab. 3.2 in einem binären Format dargestellt.

Das gleichzeitige Auftreten dieser fünf ausgewählten Produkte ist in Tab. 3.3 dargestellt.

Tab. 3.3 lässt sich durch manuelles Auszählen von Tab. 3.2 erklären. Zum Beispiel wurden Bier und Kartoffelchips in den Einkäufen Nr. 1 und Nr. 6 gefunden, was ein gleichzeitiges Auftreten von 2 ergibt. Dies kann in Excel mit der Funktion COUNTIFS durchgeführt werden, wie in Abb. 3.1 gezeigt. Auf das gemeinsame Auftreten wird in Kap. 4 näher eingegangen.

Die Korrelation kann mit dem Datenanalyse-ToolPak von Excel (siehe Abb. 3.1) unter Verwendung der in Abb. 3.2 angegebenen Zellbezüge ermittelt werden. In diesem Beispiel besteht die stärkste Korrelation zwischen Bier und Kartoffelchips. Dies ist eine erwartete Beziehung, da die beiden Produkte gut zusammenpassen.

Dies führt zu der in Abb. 3.3 dargestellten Ausgabe.

Die Korrelation zwischen Windeln und Milch ist zwar gering, aber bei jedem Windelkauf in dieser kleinen Stichprobe wurde auch Milch (und im Übrigen auch andere Babyprodukte) gekauft, was zu erwarten wäre. Es scheint nicht sinnvoll zu

Kauf	Bier	Chips
1	1	1
2	0	0
3	0	1
4	1	0
5	0	0
6	1	1

Koinzidenz (Co-occurance)

	Bier	Chips
Bier	3	2
Chips		3

	Bier	Chips
Bier	=COUNTIFS(B2:B7,1,B2:B7,1)	=COUNTIFS(B2:B7,1,C2:C7,1)
Chips		=COUNTIFS(C2:C7,1,C2:C7,1)

Abb. 3.1 Excel-Funktion COUNTIFS zur Ermittlung der Koinzidenztabelle

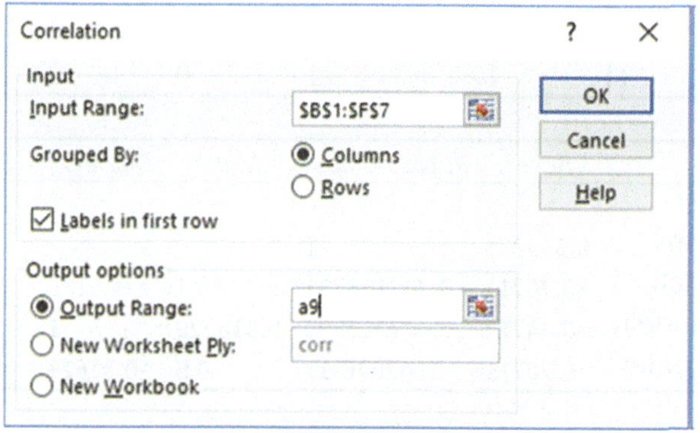

Abb. 3.2 Korrelationsmatrix für die Co-Occurrence-Tabelle

sein, bei Biertrinkern nach Querverkäufen von Milch oder Limonade zu suchen. Diese Information könnte sich für die Werbetreibenden negativ auswirken (oder vielleicht haben die Biertrinker einfach nicht an den Wert von Milch in Kombination mit Bier gedacht). Andererseits würde es Sinn machen, Kartoffelchips bei Biertrinkern zu bewerben. Einige Kombinationen, z. B. zwischen Milch und Limonade, enthalten möglicherweise keine verwertbaren Inhalte, auch wenn die statistische Beziehung recht stark ist.

Es gibt grundlegende Methoden, um festzustellen, welche Produkte in einem Warenkorb zusammengehören. Die Korrelation wurde gerade demonstriert. Allerdings ist die Korrelation nicht besonders gut, wenn es um binäre Daten geht (und die Rohdaten des Warenkorbs sind binär). Der Produkt-Moment-Korrelationskoeffizient standardisiert für Mittelwert und Standardabweichung. Eine zweite Methode, der Jaccard-Koeffizient, ist sehr einfach, aber effektiv. Der Jaccard-Koeffizient

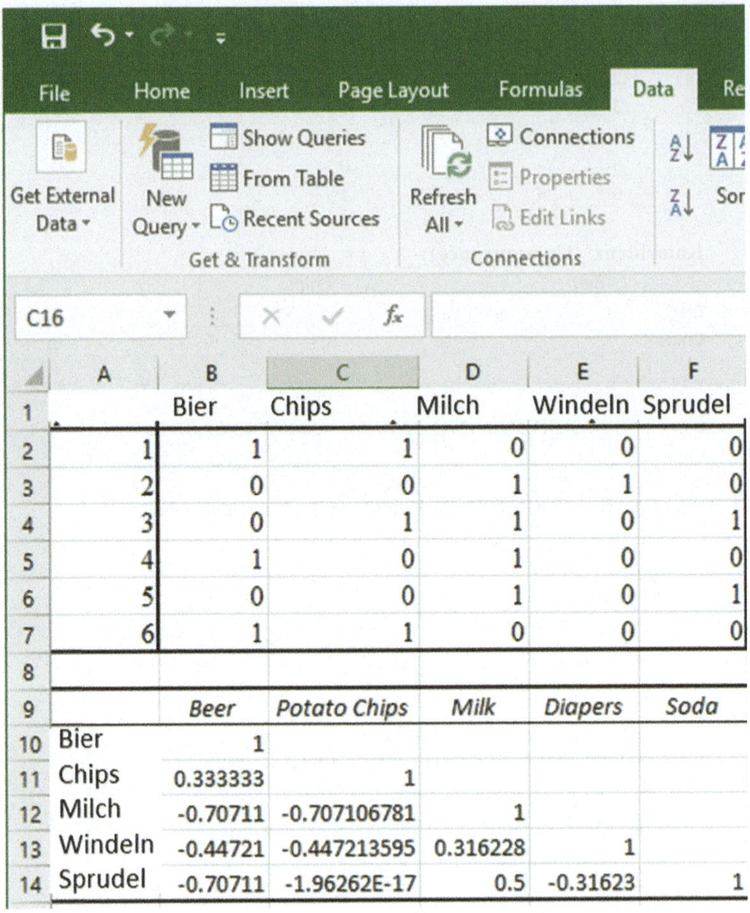

	Bier	Chips	Milch	Windeln	Sprudel
1	1	1	0	0	0
2	0	0	1	1	0
3	0	1	1	0	1
4	1	0	1	0	0
5	0	0	1	0	1
6	1	1	0	0	0

	Beer	*Potato Chips*	*Milk*	*Diapers*	*Soda*
Bier	1				
Chips	0.333333	1			
Milch	-0.70711	-0.707106781	1		
Windeln	-0.44721	-0.447213595	0.316228	1	
Sprudel	-0.70711	-1.96262E-17	0.5	-0.31623	1

Abb. 3.3 Excel-Ausgabe für die Demonstrationsdaten

ist das Verhältnis zwischen der Anzahl der Fälle, in denen zwei Produkte gemeinsam gekauft wurden, und der Gesamtzahl der Fälle, in denen jedes Produkt gekauft wurde. Die Formel lautet:

$$\text{Jaccard Coefficient} = \frac{\text{Support}(\text{joint})}{\text{Support}(\text{Antecedent}) + \text{Support}(\text{Consequent}) - \text{Support}(\text{Joint})}$$

Um das obige Beispiel zu verdeutlichen, zeigt Tab. 3.3, das Bier und Kartoffelchips zweimal gemeinsam gekauft wurden. Die Gesamtzahl der Bierkäufe betrug 3 und die Gesamtzahl der Kartoffelchipkäufe ebenfalls 3. Support(joint) ist ein weiterer Ausdruck für das gemeinsame Auftreten, der in Tab. 3.3 mit 2 angegeben ist. Somit wäre der Jaccard-Koeffizient für Bier und Kartoffelchips {2/(3 + 3 − 2)} = 0,500.

Tab. 3.4 Jaccard-Koeffizienten für die Co-Occurrence-Tabelle

	Bier	Kartoffelchips	Milch	Windeln	Sprudel
Bier					
Kartoffelchips	0,500				
Milch	0,167	0,167			
Windeln	0	0	0,250		
Sprudel	0	0,333	0,500	0	

Die Jaccard-Koeffizienten für die anderen Produkte im Vergleich zu Bier sind 0,143 für Milch, 0 für Windeln und 0 für Limonade. Tab. 3.4 enthält die Jaccard-Koeffizienten, die den Korrelationskoeffizienten in Tab. 3.4 entsprechen.

Vergleicht man die beiden Ergebnisse, so ergibt sich eine ähnliche Rangfolge. Die stärksten Korrelationen sind negativ. Diejenigen, die Milch kaufen, kaufen nicht viel Bier oder Kartoffelchips, und diejenigen, die Sprudel kaufen, kaufen nicht viel Bier. Die stärkste positive Beziehung besteht zwischen Milch und Sprudel. Die stärksten Jaccard-Beziehungen bestehen zwischen Bier und Kartoffelchips und zwischen Milch und Sprudel. Dies dient natürlich nur der Veranschaulichung und basiert auf einer extrem kleinen Stichprobe, die ohnehin nur erfunden wurde. Die Korrelationskoeffizienten lassen Rückschlüsse auf die Beziehungen von Querverweisen zu, während die Jaccard-Koeffizienten sich direkt auf die Paare von Artikeln konzentrieren. Beide Maße sind leicht zu ermitteln (Korrelationskoeffizienten mit weit verbreiteter Software, Jaccard-Koeffizienten mit einfachen Formeln). Das Hauptproblem ist die relative Genauigkeit bei der Ermittlung von Beziehungen. Der einfachere Jaccard-Koeffizient könnte durchaus genauer sein, erfordert aber eine erhebliche Menge an repräsentativen Daten, bevor die Ergebnisse zuverlässig sind. (In unserem einfachen Beispiel gab es zum Beispiel viele Nullen, die in großem Maßstab nicht zuverlässig sind. In realen Einzelhandelsbetrieben mit hohem Umsatz wären solche Daten jedoch in großem Umfang verfügbar.)

Die Einrichtung einer Warenkorbanalyse erfordert erhebliche Investitionen und Anstrengungen. Einzelhandelsunternehmen können mehr als 18 Monate brauchen, um diese Art von Analyse durchzuführen. Sie bietet jedoch ein Instrument, um sich in einem zunehmend wettbewerbsorientierten Umfeld zu behaupten.

Demonstration

Zur Veranschaulichung der Konzepte können wir uns die Liste der Produktkategorien von Amazon.com ansehen (von der Website des Unternehmens). Der erste Schritt bestand darin, Produkte nach Kategorien zuzuordnen. Die siebenunddreißig **Kaufprofile** sind in Tab. 3.5 aufgeführt.

Wir erstellten eine Reihe von Pseudo-Amazon-Daten, wobei wir zwölf dieser Kategorien auswählten und Bücher in E-Books, Hardback-Bücher und Taschenbü-

Tab. 3.5 Kaufprofile für die Warenkorbanalyse

Apps und Spiele	Handys und Zubehör	Geschenkkarten	Haustierbedarf
Kunst, Handwerk und Nähen	Kleidung, Schuhe und Schmuck – Frauen	Handgefertigt	Software
Automobilindustrie	Kleidung, Schuhe und Schmuck – Männer	Industrie und Wissenschaft	Sport und Natur
Baby	Kleidung, Schuhe und Schmuck – Mädchen	Reisegepäck und Reiseausrüstung	Werkzeuge und Heimwerken
Schönheit	Kleidung, Schuhe und Schmuck – Jungen	Luxuriöse Schönheit	Spielzeug und Spiele
Bücher	Kleidung, Schuhe und Schmuck-Babys	Zeitschriften-Abonnements	Videospiele
CDs und Vinyl	Sammlerstücke und Kunstwerke	Filme und Fernsehen	Wein
Computer	Lebensmittel und Gourmetprodukte	Musikinstrumente	
Digitale Musik	Gesundheit und Körperpflege	Büroartikel	
Elektronik	Dienstleistungen für Haushalte und Unternehmen	Terrasse, Rasen und Garten	

cher unterteilten. Der nächste Schritt besteht darin, den prozentualen Anteil jeder dieser Kategorien in jedem Warenkorb zu bestimmen. Hier werden zur Veranschaulichung Zahlen erfunden. Die Marktkörbe werden jedem Profil auf der Grundlage des größten Dollarwerts zugewiesen. Diese Profile sollten den Grund für den Besuch des Kunden auf der Website erfassen. Die Analyse der Warenkörbe zeigt, dass die Kunden nicht aufgrund von Produktgruppen einkaufen, sondern aufgrund ihrer persönlichen Bedürfnisse. Die Verbraucherorientierung ermöglicht es, Kombinationen von Produktkäufen zu verstehen. So sind zum Beispiel gebundene Bücher, Taschenbücher und E-Books unterschiedliche Produkte, die jedoch alle Teil des Buchkaufprofils sind. Bestimmte Kunden könnten bei einem Besuch einen Warenkorb in einem Profil (z. B. Bücher) und später in einem anderen Profil (z. B. Filme und Fernsehen) kaufen. Der Schwerpunkt liegt auf dem Warenkorb, nicht auf den einzelnen Kunden.

Fit

Die Korrelation eignet sich am besten für diese Art von Daten (aufgrund der großen Anzahl von Kombinationen). Die Daten müssen für die Korrelation numerisch sein, aber wir können Tab. 3.6 aus Excel erhalten, die einen Auszug dieser Daten zeigt:

Aus diesen Daten werden dann die Korrelationen in Tab. 3.7 erstellt.

Tab. 3.6 Pseudo-Amazon-Daten für die Korrelation

Auto	Baby	EBooks	Buch	Taschenbuch	Musik	Elektronik	Gesundheit	Geschenk-Gutschein	Reisegepäck	Magazin	Filme
0	0	1	0	0	0	0	0	0	0	0	0
0	0	1	1	0	0	0	0	0	0	0	0
0	1	0	0	0	0	0	0	0	0	0	0
0	0	1	0	1	0	0	0	0	0	0	0
0	0	1	0	0	1	0	0	0	0	0	0

Tab. 3.7 Pseudo-Amazon-Korrelationen

	Auto	Baby	EBooks	Buch	Taschen-buch	Musik	Elektronik	Gesundheit	Geschenkkarte	Reisegepäck	Magazin	Filme	Software	Spielzeug	Wein
Auto	1														
Baby	−0.03	1													
EBooks	−0.16	−0.21	1												
Buch	−0.11	−0.20	0.68	1											
Taschenbuch	−0.12	0.17	0.71	0.72	1										
Musik	−0.05	−0.07	−0.19	−0.24	−0.30	1									
Elektronik	−0.03	0.00	−0.23	−0.10	−0.15	0.23	1								
Gesundheit	0.13	−0.01	−0.06	−0.06	−0.07	0.04	0.03	1							
Geschenkkarte	−0.03	−0.06	−0.06	−0.11	−0.12	0.06	0.02	−0.03	1						
Reisegepäck	−0.01	−0.02	−0.05	−0.03	−0.03	−0.02	−0.01	−0.02	−0.02	1					
Magazin	−0.02	0.02	−0.08	−0.09	−O.08	0.02	0.00	0.03	0.07	−0.01	1				
Filme	−0.05	−0.08	−0.45	−0.32	−0.36	0.04	0.13	0.08	0.17	0.12	0.12	1			
Software	−0.04	−0.04	−0.35	−0.23	−0.24	−0.01	0.24	−0.04	−0.06	−0.02	−0.02	−0.03	1		
Spielzeug	−0.04	0.62	−0.29	−0.25	−0.22	−0.02	−0.02	0.01	−0.03	−0.02	0.00	−0.07	−0.08	1	
Wein	−0.03	0.02	−0.25	−0.17	−0.18	−0.02	−0.03	−0.07	0.03	−0.02	0.01	0.04	0.05	−0.02	1

Die Kombinationen mit Korrelationen über 0,3 in absoluten Werten sind:

Gebundene Bücher und Taschenbücher	+0,724
E-Books und Taschenbücher	+0,705
E-Books und gebundene Bücher	+0,683
Baby und Spielzeug	+0,617
E-Books und Filme	−0,447
Bücher und Filme im Taschenbuchformat	−0,358
E-Books und Software	−0,348
Hardcover-Bücher und Filme	−0,320

Man könnte die Daten in Bezug auf Filme und Bücher in Frage stellen, aber vielleicht haben Leute, die ins Kino gehen, keine Zeit, Bücher zu lesen. Ansonsten scheinen diese Zahlen plausibel zu sein.

Jaccard-Koeffizienten können auch mit Excel berechnet werden, obwohl dies mit viel Manipulation verbunden ist. Die Ergebnisse sind in Tab. 3.8 dargestellt.

Die Ergebnisse weisen Ähnlichkeiten für Kombinationen mit positiver Korrelation auf, aber die Jaccard-Ergebnisse erfassen keine Kombinationen mit negativer Korrelation. Die Paare mit Jaccard-Koeffizienten größer als 0,1 sind in Tab. 3.9 aufgeführt.

Wir sehen, dass die Jaccard-Ergebnisse keine negativen Beziehungen widerspiegeln, während die Korrelation dies tut. Es gibt auch eine unterschiedliche Reihenfolge der Stärke der Beziehungen, obwohl sie im Allgemeinen einigermaßen konsistent sind.

Gewinn

Einzelhändler bestimmen in der Regel die Rentabilität jedes Kaufprofils. Die Renditen für einige der Amazon-Einkaufsprofile (hier subjektiv generiert) in Dollar (Gewinn) pro Warenkorb (mythische Zahlen) sind in Tab. 3.10 dargestellt (Zahlen subjektiv vom Autor generiert).

Diese Informationen können bei der Entscheidungsfindung für Werbemaßnahmen hilfreich sein. Häufig stellen Einzelhändler fest, dass sie in der Vergangenheit Werbung für Produkte in Kaufprofilen mit geringer Rentabilität betrieben haben. Derselbe Ansatz kann auf andere Werbemaßnahmen angewandt werden, auch wenn diese oft profilübergreifend sind. Die Auswirkung von Werbeaktionen kann durch Messung der Rentabilität nach Warenkörben geschätzt werden.

Tab. 3.8 Jaccard-Ergebnisse für Pseudo-Amazon-Daten

	Baby	EBooks	Buch	Taschen-buch	Musik	Elektronik	Gesundheit	Geschenkkarte	Reisegepäck	Magazin	Filme	Software	Spielzeug	Wein
Auto	0	0.00	0.00	0.00	0.00	0.00	0.06	0.00	0.00	0.00	0. 00	0. 00	0.00	0.00
Baby		0.00	0.01	0.01	0.01	0.02	0.03	0.00	0.00	0.03	0.01	0.02	0.30	0.04
EBooks			0.43	0.43	0.03	0.00	0.05	0.04	0.00	0.02	0.01	0.02	0.02	0.01
Buch				0.43	0.03	0.02	0.05	0.03	0.00	0.01	0.02	0.03	0.03	0.02
Taschenbuch					0.02	0.01	0.04	0.03	0.00	0.01	0.01	0.03	0.03	0.01
Musik						0.12	0.06	0.06	0.00	0.03	0.08	0.05	0.05	0.03
Elektronik							0.04	0.03	0.00	0.02	0.08	0.13	0.02	0.01
Gesundheit								0.02	0.00	0.03	0.08	0.02	0.05	0.00
Geschenkkarte									0.00	0.05	0.11	0.01	0.02	0.04
Reisegepäck										0.00	0.27	0.00	0.00	0.00
Magazin											0.06	0.01	0.02	0.02
Filme												0.05	0.03	0.06
Software													0.02	0.06
Spielzeug														0.03

Tab. 3.9 Jaccard und Korrelationsvergleich

Variable Paare	Jaccard-Koeffizienten	Korrelationskoeffizienten
E-Books und Taschenbücher	0,763	+0,705
Hardcover-Bücher und Taschenbücher	0,755	+0,724
E-Books und gebundene Bücher	0,746	+0,683
Baby und Spielzeug	0,426	+0,617
Elektronik und Software	0,144	+0,237
Musik und Elektronik	0,137	+0,226
Geschenkkarten und Filme	0,125	+0,172

Tab. 3.10 Renditen des Kaufprofils

	Gewinn pro Kunde in $/Jahr	Wahrscheinlichkeit einer Ergebnis	Produkt	Erwarteter Gewinn/ Jahr	Anzahl	Profil Gewinn/ Jahr
Bücher	56	0,50	28,00	8,00	80.000	640.000
Baby und Spielzeug	90	0,30	27,00	7,00	10.000	70.000
Auto	60	0,10	6,00	−14,00	500	−7000
Musik	24	0,27	6,48	−13,52	16.000	−216.320
Wählen und SW	64	0,20	12,80	−7,20	8000	−57.600
Gesundheit	172	0,22	37,84	17,84	12.000	214.080
Geschenk	16	0,31	4,96	−15,04	15.000	−225.600
Reisegepäck	26	0,08	2,08	−17,92	400	−7168
Zeitschrift	14	0,15	2,10	−17,90	2000	−35.800
Filme	72	0,33	23,76	3,76	17.000	63.920
Wein	56	0,21	11,76	−8,24	800	−6592

Auftrieb (Lift)

Wir können die Daten so fein wie möglich in Gruppen unterteilen. Diese Gruppen haben einige identifizierbare Merkmale, wie Postleitzahl, Einkommensniveau usw. (ein Profil). Wir können dann eine Stichprobe ziehen und den Anteil der Verkäufe für jede Gruppe ermitteln, eine Möglichkeit, den erwarteten Gewinn pro Kunde in einem bestimmten Profil zu erhalten. Die Idee hinter dem Lifting ist, Werbematerial (das Stückkosten hat) zuerst an die Gruppen zu senden, die die größte Wahrscheinlichkeit einer positiven Reaktion haben. Wir können den Lift visualisieren, indem wir die Ergebnisse gegen den Anteil an der Gesamtpopulation potenzieller Kunden auftragen, wie in Tab. 3.11 dargestellt. Beachten Sie, dass die Segmente in Tab. 3.10 nach der erwarteten Kundenreaktion geordnet sind.

Sowohl die kumulativen Ergebnisse als auch der kumulative Anteil der Grundgesamtheit werden aufgetragen, um den Auftrieb zu ermitteln. Der Auftrieb (Lift) ist die Differenz zwischen den beiden Linien in Abb. 3.4.

Tab. 3.11 Berechnung des Auftriebs

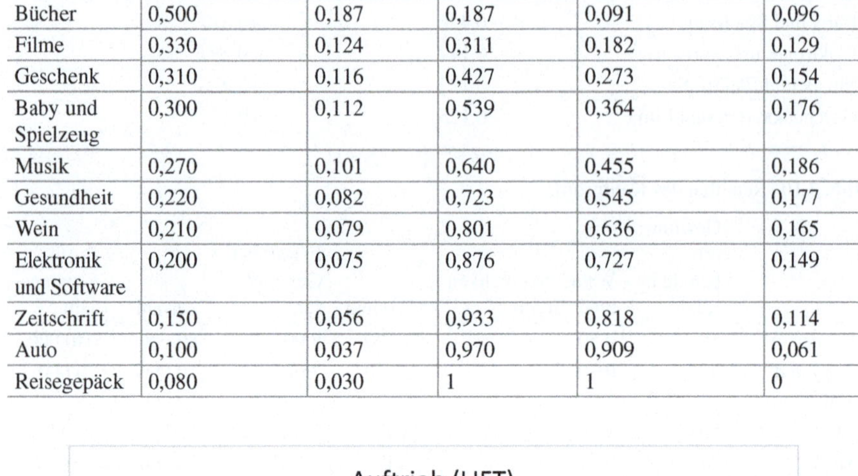

	Erwartete Kundenreaktion	Anteil (erwartete Ergebnisse)	Kumulativer Anteil der Ergebnisse	Zufälliger durchschnittlicher Anteil	LIFT (Auftrieb)
Herkunft	0	0	0	0	0
Bücher	0,500	0,187	0,187	0,091	0,096
Filme	0,330	0,124	0,311	0,182	0,129
Geschenk	0,310	0,116	0,427	0,273	0,154
Baby und Spielzeug	0,300	0,112	0,539	0,364	0,176
Musik	0,270	0,101	0,640	0,455	0,186
Gesundheit	0,220	0,082	0,723	0,545	0,177
Wein	0,210	0,079	0,801	0,636	0,165
Elektronik und Software	0,200	0,075	0,876	0,727	0,149
Zeitschrift	0,150	0,056	0,933	0,818	0,114
Auto	0,100	0,037	0,970	0,909	0,061
Reisegepäck	0,080	0,030	1	1	0

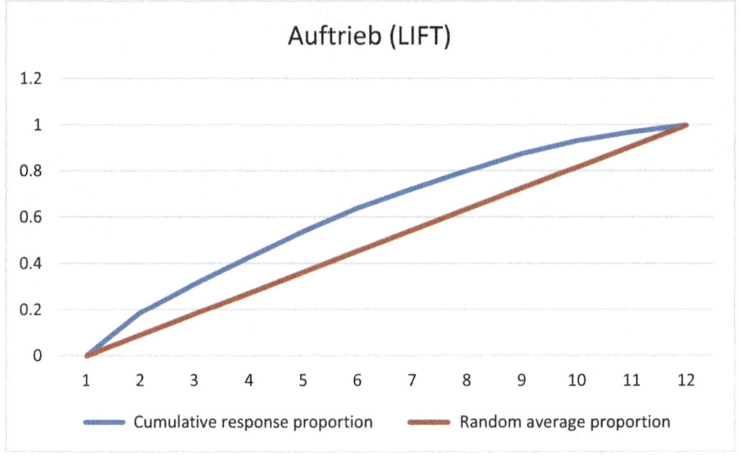

Abb. 3.4 Auftrieb (Lift) für Pseudo-Amazon

Der Zweck der Lift-Analyse besteht darin, die Segmente mit der größten Reaktion oder Wirkung zu ermitteln. In diesem Fall wird die größte Wirkung durch das erste Segment erzielt, während die nächsten fünf Segmente überdurchschnittlich gut reagieren. Wahrscheinlich sind wir aber eher am Gewinn interessiert. Wir können die profitabelste Politik ermitteln. Dazu muss der Teil der Bevölkerung ermittelt werden, an den Werbematerialien geschickt werden sollen. Wenn zum Beispiel eine Werbeaktion (z. B. ein Gutschein) im Wert von 20 $ vorgeschlagen wird, benötigen wir Informationen, um den durchschnittlichen Gewinn pro Profil zu berechnen. Tab. 3.12 zeigt diese Berechnungen.

Tab. 3.12 Berechnung der erwarteten Auszahlung

	Gewinn pro Kunde in $/Jahr	Wahrscheinlichkeit eines positivem Resultat	Produkt	Erwarteter Gewinn/Jahr	Potenzielle Kunden	Antworten/ Jahr	Profil Gewinnjahr
Bücher	56	0,5	28	8	80.000	40.000	640.000
Gesundheit	172	0,22	37,84	17,84	12.000	2640	214.080
Baby und Spielzeug	90	0,3	27	7	10.000	3000	70.000
Filme	72	0,33	23,76	3,76	17.000	5610	63.920
Wein	56	0,21	11,76	−8,24	800	168	−6592
Auto	60	0,1	6	−14	500	50	−7000
Reisegepäck	26	0,08	2.08	−17,92	400	32	−7168
Zeitschrift	14	0,15	2.1	−17,9	2000	300	−35.800
Wählen und Software	64	0,2	12.8	−7,2	8000	1600	−57.600
Musik	24	0,27	6.48	−13,52	16.000	4320	−216.320
Geschenk	16	0,31	4,96	−15,04	15.000	4650	−225.600

Die Gewinnfunktion erreicht ihr Maximum im vierten Segment. Daraus ergibt sich, dass in diesem Fall Werbematerialien an diese Segmente geschickt werden sollten. Wenn es ein Werbebudget gäbe, würde es auf so viele Segmente angewandt werden, wie das Budget unterstützt, in der Reihenfolge der erwarteten Ergebnisrate, bis zum fünften Segment.

Es ist möglich, dass man sich auf die falsche Maßnahme konzentriert. Das grundlegende Ziel der Lift-Analyse im Marketing ist es, diejenigen Kunden zu identifizieren, deren Entscheidungen durch das Marketing positiv beeinflusst werden. Kurz gesagt, die oben beschriebene Methodik identifiziert die Kundensegmente, bei denen ein Kauf zu erwarten wäre. Dies kann auf die Marketingkampagne zurückzuführen sein, muss es aber nicht. Die gleiche Methode kann angewandt werden, aber es werden detailliertere Daten benötigt, um diejenigen zu identifizieren, deren Entscheidungen durch die Marketingkampagne verändert wurden, und nicht nur diejenigen, die kaufen würden.

Marktkorbbeschränkungen

Die Identifizierung von Beziehungen zwischen Produktverkäufen ist nicht gut, wenn sie nicht genutzt wird. Die Messung von Effekten ist für ein solides Data-Mining entscheidend. Eines der am häufigsten zitierten Beispiele für die Analyse von Warenkörben war die Hypothese, dass Männer Bier und Windeln gemeinsam kaufen. Wenn dies der Fall wäre, wäre das Wissen nur dann wertvoll, wenn Maßnahmen ergriffen werden könnten, die den Absatz steigern würden. Eine Theorie besagt zum Beispiel, dass Einzelhändler Bier und Windeln in unmittelbarer Nähe zueinander platzieren sollten, um den Verkauf beider Produkte zu fördern. Eine andere Theorie wäre, die beiden Produkte so weit wie möglich voneinander entfernt zu platzieren, um die Kunden zu zwingen, so viele Produkte wie möglich im Geschäft zu sehen. In jedem Fall ist eine Messung der Auswirkungen erforderlich, um nützliche Erkenntnisse zu gewinnen. Die Warenkorbanalyse, ein explorativer Algorithmus, kann nur Hypothesen aufstellen. Sobald die Hypothesen aufgestellt sind, müssen sie getestet werden.

Bei der Warenkorbanalyse handelt es sich häufig um eine erste Studie, die dazu dient, Muster zu erkennen. Sobald ein Muster erkannt ist, kann es mit anderen Methoden, wie neuronalen Netzen, Regression oder Entscheidungsbäumen, genauer untersucht werden. Die gleichen Analyseansätze können auch in anderen Bereichen als dem Einzelhandel eingesetzt werden. Telekommunikationsunternehmen und Banken bündeln häufig Produkte, und die Warenkorbanalyse wurde in diesen Bereichen eingesetzt. In der Versicherungsbranche wird die Link-Analyse in großem Umfang zur Aufdeckung von Betrugsringen eingesetzt. Im medizinischen Bereich können Kombinationen von Symptomen analysiert werden, um ein tieferes Verständnis für den Zustand eines Patienten zu gewinnen.

Die Warenkorbanalyse hat natürlich ihre Grenzen. Zu wissen, welche Produkte zusammengehören, beantwortet jedoch nicht alle Fragen der Einzelhändler. Bei

Cross-Sales-Strategien wird davon ausgegangen, dass Produkte, die zusammen angeboten werden, sich ergänzen. Einige Untersuchungen haben ergeben, dass die Warenkorbanalyse ebenso viele Substitute wie Komplemente identifizieren kann (Vindevogel et al. 2005).

Zu den allgemeinen Stärken der Warenkorbanalyse gehören klare Ergebnisse durch einfache Berechnungen. Die Warenkorbanalyse kann ungerichtet sein, d. h. hypothetische Beziehungen müssen vor der Analyse nicht spezifiziert werden. Es können auch verschiedene Datenformen verwendet werden. Schwächen der Methode sind, dass (1) die Komplexität der Analyse exponentiell mit der Menge der betrachteten Produkte ansteigt und (2) es schwierig ist, eine angemessene Anzahl von Produktgruppierungen zu bestimmen. Die oben aufgezeigten dreißig Gruppierungen sind eine gute praktikable, umsetzbare Zahl. Zu wenige Produktgruppierungen bringen keinen Nutzen, während zu viele es unmöglich machen, die Analyse sinnvoll zu nutzen. Die Warenkorbanalyse ist eine Technik, die sich gut für ungerichtete oder unstrukturierte Probleme mit klar definierten Artikeln eignet. Sie eignet sich sehr gut für Registrierkassendaten.

Literatur

Agrawal R, Imielinski T, Swami A (1993) Database mining: a performance perspective. IEEE Trans Knowl Data Eng 5(6):914–925

Aguinis H, Forcum LE, Joo H (2013) Using market basket analysis in management research. J Manag 39(7):1799–1824

Berry MJA, Linoff G (1997) Data mining techniques. Wiley, New York

Vindevogel B, Van den Poel D, Wets G (2005) Why promotion strategies based on market basket analysis do not work. Expert Syst Appl 28:583–590

Kapitel 4
Aktualität, Häufigkeit und Geldwertanalyse (Recency, Frequency, und Monetary Analyse)

Zusammenfassung Mit der RFM-Analyse (Recency, Frequency, and Monetary) wird versucht, Kunden zu identifizieren, die mit höherer Wahrscheinlichkeit auf neue Angebote reagieren. Das Pareto Prinzip besagt, das 80 % des Verkaufes von 20 % der Kunden kommt. Darum ist es so wichtig, diese Kunden zu identifizieren. In der RFM Analyse werde diese mit drei Parametern. Doch das Prinzip ist sehr allgemein. Man sucht drei wichtige Messungen, um sich ein Bild von der Umgebung zu machen. So kann dieses Prinzip auch auf andere Probleme angewandt werden. Während Lift das statische Maß der Reaktion auf eine bestimmte Kampagne betrachtet, verfolgt RFM die Kundentransaktionen nach Zeit, Häufigkeit und Betrag. Mit der RFM-Analyse (Recency, Frequency, and Monetary) wird versucht, Kunden zu identifizieren, die mit höherer Wahrscheinlichkeit auf neue Angebote reagieren. Während Lift das statische Maß der Reaktion auf eine bestimmte Kampagne betrachtet, verfolgt RFM die Kundentransaktionen nach Zeit, Häufigkeit und Betrag.

- **Aktualität (Recency)**: Zeit seit dem letzten Kauf des Kunden
- **Häufigkeit (Frequency)**: Wie oft kauft der Kunde ein
- **Geldwert (Monetary)**: durchschnittlicher Kaufbetrag.

Die Methode benutzt diese 3 Dimensionen, um den Kundenwert zu ermitteln.

Die Aktualität ist wichtig, da einige Kunden möglicherweise nicht auf die letzte Kampagne reagiert haben, aber jetzt bereit sein könnten, das beworbene Produkt zu kaufen. Die Kunden können auch nach der Häufigkeit der Ergebnisse und nach dem Geldwert oder anders ausgedrückt der Höhe des Umsatzes sortiert werden. Der RFM-Ansatz (Recency, Frequency, and Monetary) ist eine Methode zur Ermittlung von Kunden, die mit größerer Wahrscheinlichkeit auf neue Angebote reagieren werden. Die Probanden werden auf jeder der drei Dimensionen kodiert. Ein üblicher Ansatz besteht darin, fünf Zellen für jede der drei Dimensionen zu haben, was insgesamt 125 Kombinationen ergibt, von denen jede mit einer Wahrscheinlichkeit für eine positive Reaktion auf die Marketingkampagne in Verbindung gebracht werden kann.

D. L. Olson, G. Lauhoff, *Deskriptives Data-Mining*,
https://doi.org/10.1007/978-3-031-21274-1_4

Es hat sich gezeigt, dass RFM relativ gut funktioniert, wenn die erwartete Rücklaufquote hoch ist. Das ursprüngliche RFM-Modell kann entweder durch die Berücksichtigung zusätzlicher Variablen (z. B. soziodemografische Daten) oder durch die Kombination mit anderen Methoden erweitert werden. Andere Variablen, die wichtig sein können, sind z. B. das Einkommen des Kunden, sein Lebensstil, sein Alter, seine Produktvielfalt usw. Das würde traditionelle Data-Mining-Tools wie logistische Regression attraktiver machen. Die drei Variablen neigen dazu, miteinander zu korrelieren, insbesondere F und M. Aufgrund der hohen Korrelation zwischen F und M bot Yang (2004) eine Version des RFM-Modells an, bei der die Daten auf eine einzige Variable „Wert" = M/R reduziert werden. Um das Problem der schiefen Daten in den RFM-Zellen zu lösen, schlugen Olson et al. (2009) einen Ansatz zum Ausgleich der Beobachtungen in jeder der 125 RFM-Zellen vor.

Datensatz 1

Wir demonstrieren RFM mit zwei Einzelhandelsdatensätzen. Dieses Forschungsdesign umfasst Daten, die von der Direkt Marketing Educational Foundation stammen. Der erste Datensatz, den wir vorstellen, umfasst 101.532 Einzelkäufe aus den Jahren 1982 bis 1992 im Rahmen von Katalogverkäufen. Ein Testdatensatz von 20.000 Beobachtungen wurde zum Testen zurückgehalten, so dass ein Trainingsdatensatz von 81.532 übrigblieb. Die letzten vier Monate (Aug-Dez) der Daten wurden als Zielzeitraum verwendet: Aug-Dez 1992 für Datensatz 1. Die durchschnittliche Ergebnisquote betrug 0,096. Die Rohdaten enthielten das Kundenverhalten, dargestellt durch Konto, Bestell- (oder Spenden-)Datum, Bestell-(Spenden-)Dollar und viele andere Variablen. Wir folgten dem allgemeinen Kodierungsschema zur Berechnung von R, F und M. Dabei kamen verschiedene Datenaufbereitungstechniken (z. B. Filtern, Transformieren) zum Einsatz. Das Bestelldatum des letzten Kaufs (oder das Datum der letzten Spende) wurde zur Berechnung von R (R1, R2, R3, R4, R5) verwendet. Der Datensatz enthielt die Bestell- (oder Spenden-)Historie und die Bestellsummen (oder Spendenbeträge) für jeden Kunden (oder Spender), die für F (F1, F2, F3, F4, F5) und M (M1, M2, M3, M4, M5) verwendet wurden. Außerdem wurde eine Ergebnisvariable (Ja oder Nein) zur Direktmarketingaktion oder -kampagne aufgenommen. Eine erste Korrelationsanalyse wurde durchgeführt und zeigte, dass es eine gewisse Korrelation zwischen diesen Variablen gab, wie in Tab. 4.1 dargestellt.

Alle drei Variablen waren auf dem Niveau von 0,01 signifikant. Die Beziehung zwischen R und Reaktion ist wie erwartet negativ. Im Gegensatz dazu sind F und M

Tab. 4.1 Korrelationen der Variablen

	R(Aktualität)	F (Häufigkeit)	M (Geldwert)	Bestellt (Reaktion)
R	1			
F	−0,192**	1		
M	−0,136**	0,631**	1	
Bestellt	−0,235**	0,241**	0,150**	1

**Korrelation ist signifikant auf dem Niveau von 0,01 (2-tailed)

positiv mit der Kundenreaktion verbunden. R und F sind stärkere Prädiktoren für die Kundenreaktion.

Bei einer Aufteilung der Daten in 125 Zellen, die für jede der drei Gruppen durch 5 Kategorien gekennzeichnet sind, wäre die attraktivste Gruppe **555** oder Gruppe 5 für jede der drei Variablen. Hier wurde RFM in Excel durchgeführt. Tab. 4.2 zeigt die Grenzen. Der Gruppe 5 wurde die attraktivste Gruppe zugeordnet, die für R das Minimum und für F und M das Maximum darstellte.

Beachten Sie die Schieflage der Daten für F, die häufig auftritt. Hier dominieren die kleineren Werte diese Metrik. Tab. 4.3 zeigt die für diese 125 Zellen erhaltenen Zählungen.

Die Korrelation zwischen F und M (0,631 in Tab. 4.1) ist in Tab. 4.3 zu sehen, wenn man die R = 5 Kategorien betrachtet. In der Spalte M = 1 der Tab. 4.3 sind die F-Ein-

Tab. 4.2 RFM-Grenzen

Faktor	Min	Max	Gruppe 1	Gruppe 2	Gruppe 3	Gruppe 4	Gruppe 5
R	12	3810	1944+	1291–1943	688–1290	306–687	12–305
Zahl in der Gruppe			**16.297**	**16.323**	**16.290**	**16.351**	**16.271**
F	1	39	1	2	3	4–5	6+
Zahl in der Gruppe			**43.715**	**18.274**	**8206**	**6693**	**4644**
M	0	4640	0–20	21–38	39–65	66–122	123+
Zahl in der Gruppe			**16.623**	**16.984**	**15.361**	**16.497**	**16.067**

Tab. 4.3 Zählung nach RFM-Zellen – Trainingssatz

RF	R	F	M1	M2	M3	M4	M5
55	R 12–305	F 6+	0	0	16	151	1761
54		F 4–5	2	18	118	577	1157
53		F 3	9	94	363	756	671
52		F 2	142	616	1012	1135	559
51		F 1	2425	1978	1386	938	387
45	R 306–687	F 6+	0	1	11	101	1018
44		F 4–5	0	16	87	510	927
43		F 3	6	88	316	699	636
42		F 2	150	707	1046	1140	616
41		F 1	2755	2339	1699	1067	416
35	R 688–1290	F 6+	0	1	5	70	799
34		F 4–5	1	16	122	420	832
33		F 3	9	88	319	706	589
32		F 2	163	697	1002	1128	645
31		F 1	2951	2567	1645	1078	437
25	R 1291–1943	F 6+	0	0	9	56	459
24		F 4–5	0	22	72	372	688
23		F 3	9	95	290	678	501
22		F 2	211	749	1096	1128	561
21		F 1	3377	2704	1660	1108	478

(Fortsetzung)

Tab. 4.3 (Fortsetzung)

RF	R	F	M1	M2	M3	M4	M5
15	R 1944+	F 6+	0	0	3	22	170
14		F 4–5	1	11	74	243	409
13		F 3	9	122	261	511	380
12		F 2	268	878	1108	995	522
11		F 1	4145	3177	1641	908	449
	Summen		16.623	16.984	15.361	16.497	16.067

Tab. 4.4 Ergebnisquoten nach Zellen

RF	R	F	M1	M2	M3	M4	M5
55	R 12–305	F 6+	–	–	*0,687*	**0,563**	**0,558**
54		F 4–5	0	*0,500*	**0,415**	**0,426**	**0,384**
53		F 3	*0,111*	**0,426**	**0,342**	**0,381**	**0,368**
52		F 2	**0,296**	**0,289**	**0,281**	**0,283**	**0,256**
51		F 1	**0,173**	**0,196**	**0,201**	**0,158**	**0,152**
45	R 306–687	F 6+	–	*0*	**0,273**	**0,238**	**0,193**
44		F 4–5	–	*0,125*	0,092	**0,112**	**0,123**
43		F 3	*0*	0,091	0,082	0,089	0,101
42		F 2	0,060	0,075	0,069	0,081	0,078
41		F 1	0,047	0,049	0,052	0,053	0,041
35	R 688–1290	F 6+	–	*1,000*	*0*	**0,100**	**0,125**
34		F 4–5	*0*	*0,063*	**0,107**	**0,107**	**0,103**
33		F 3	*0,111*	0,023	0,066	0,059	0,075
32		F 2	0,049	0,047	0,061	0,063	0,060
31		F 1	0,030	0,031	0,029	0,026	0,021
25	R 1291–1943	F 6+	–	–	*0,111*	0,054	0,078
24		F 4–5	–	*0,091*	0,028	0,065	0,060
23		F 3	*0*	0,053	0,048	0,049	0,064
22		F 2	0,043	0,020	0,039	0,041	0,039
21		F 1	0,018	0,021	0,018	0,020	0,019
15	R 1944+	F 6+	–	–	*0,000*	0,045	0,041
14		F 4–5	*0*	*0,091*	0,024	0,025	0,039
13		F 3	*0,111*	0,041	0,050	0,033	0,053
12		F 2	0,019	0,046	0,036	0,031	0,044
11		F 1	0,021	0,015	0,016	0,020	0,016

träge für jede F5-Kategorie 0, wobei sie in der Regel in den Spalten M = 2 bis M = 5 ansteigen. Wenn F = 5 ist, befindet sich die größte Dichte in der Spalte mit M = 5. Diese Schieflage wird oft als eines der Probleme von RFM angesehen. Unser Ansatz zur Lösung dieses Problems war eine gleichmäßigere Dichte (Größenkodierung), um Dateneinträge für alle RFM-Zellen zu erhalten. Dies erreichten wir, indem wir die Zellengrenzen innerhalb der Trainingsmenge für jede Variable nach Anzahl festlegten.

Der Anteil der Ergebnisse (zukünftige Bestellungen) für die Daten ist in Tab. 4.4 angegeben. Die fettgedruckten Zahlen bezeichnen Zellen mit einer positiven Resultat (Vertrauen) von mindestens 0,1 und einer Mindestunterstützung von 50. Kursiv gedruckte Zahlen kennzeichnen die Zellen mit einer Unterstützung unter 50.

Die in Tab. 4.3 aufgeführten Daten wurden in Abb. 4.1 visualisiert.

Die Blasengröße in der linken Abbildung stellt den gesamten Geldwert des Marktsegments dar, während die Blasengröße auf der rechten Seite die Anzahl der Kunden angibt. Man könnte die Zahlen durch eine Farbe darstellen: Zum Beispiel könnten viele Kunden durch Rot (heiß) und wenige Kunden durch Blau (kalt) dargestellt werden. Auf diese Weise lässt sich schnell erkennen, dass das größte Marktsegment sowohl in Bezug auf die Anzahl der Kunden als auch auf den durchschnittlichen Geldwert jedes Kunden eine geringere Häufigkeit aufweist.

Wir können die Daten weiter auswerten. Zum Beispiel könnte ein Geschäft wie Costco diese Art von Kunden haben, die nicht sehr häufig einkaufen, aber große Beträge ausgeben, wenn sie es tun, während Hochfrequenzkunden vielleicht nur ein Stück Pizza kaufen, aber sonst nichts ausgeben. Durch die Entdeckung solcher Marktsegmente könnte Costco seinen Kundenstamm über den Mitgliedsbeitrag tatsächlich kontrollieren. Nur Kunden, die bereit sind, eine Jahresmitgliedschaft von 50 Dollar zu zahlen, dürfen den Laden betreten. Dies führt dazu, dass weniger Kunden mit geringem Volumen kommen und der durchschnittliche Geldwert, den jeder Kunde ausgibt, steigt. Allerdings könnte die Mitgliedschaft dazu führen, dass weniger erwünschte Kunden kommen. Bei der Einteilung unserer Kunden in 125 Gruppen kann man leicht durcheinander kommen und die falschen Schlüsse ziehen.

Die in Tab. 4.3 aufgeführten Daten können in weniger als 125 Gruppen unterteilt werden. In Abb. 4.2 ist die Aufteilung der 125 Gruppen in Gruppen auf der Grundlage der Häufigkeit und des Prozentsatzes der Kunden dargestellt. Für jedes Kunden-

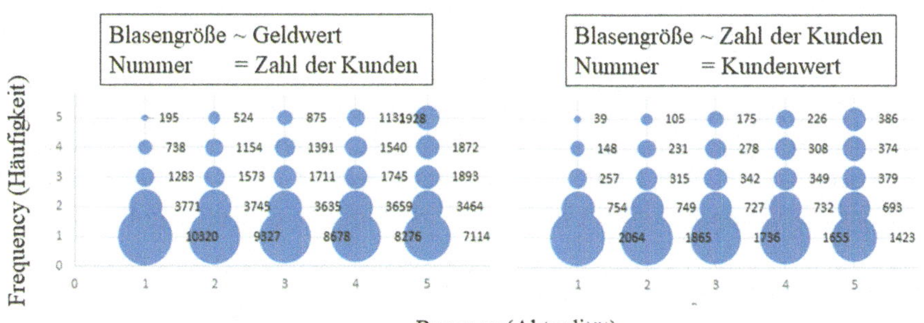

Abb. 4.1 Blasendiagramm erstellt mit dem Tabellenkalkulationsprogramm „MS Excel"

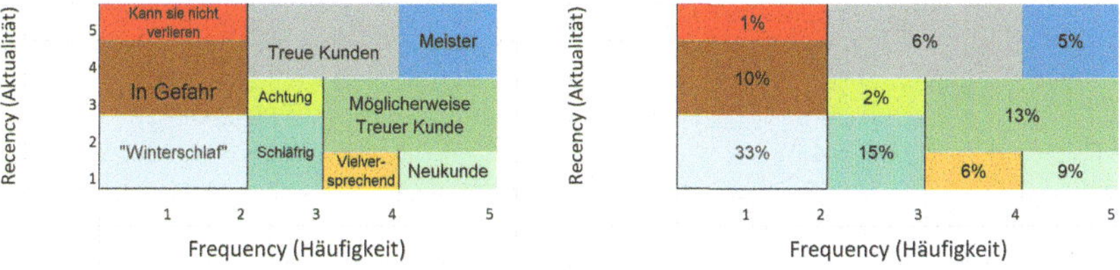

Abb. 4.2 Grafik der RFM-Segmente

segment kann eine andere Strategie entwickelt werden, um den Ertrag zu optimieren. Die RFM-Analyse ist daher weniger ein Instrument zur Anpassung von Daten als vielmehr eine Möglichkeit zur Kategorisierung und Entwicklung einer Strategie für jedes Segment. In diesem Fall wurden Regentschaft, Häufigkeit und Geldwert als die drei wichtigsten Eingabeparameter gewählt. Das gleiche Prinzip lässt sich jedoch auch auf andere Probleme mit anderen wichtigen Eingangsparametern anwenden.

In der Trainingsgruppe waren 10 von 125 möglichen Zellen leer, selbst bei über 80.000 Datenpunkten. Der Grenzwert für die Rentabilität würde von den Werbekosten im Vergleich zum durchschnittlichen Umsatz und der Gewinnrate abhängen. Wären die Werbekosten beispielsweise 50 $, der durchschnittliche Umsatz pro Auftrag 2000 $ und die durchschnittliche Gewinnrate 0,25 $ pro Dollar Umsatz, läge der Rentabilitätsgrenzwert bei 0,1. In Tab. 4.4 sind die Zellen mit Rentabilitätskennzahlen größer als 0,1 fett gedruckt. Die Zellen mit Verhältnissen von 0,1 oder höher und einer Unterstützung (Anzahl der Beobachtungen) von weniger als 50 sind kursiv gedruckt. Sie sind von Interesse, weil ihr hohes Verhältnis möglicherweise falsch ist. Die Implikation ist offensichtlich – man sollte die Förderung auf die fettgedruckten Fälle ohne Kursivschrift anwenden. Die Idee der Dominanz kann ebenfalls angewendet werden. Die Kombinationen des vorhergesagten Erfolgs für verschiedene Anteile der Trainingszellen sind in Tab. 4.5 aufgeführt.

Das RFM-Modell aus dem Excel-Tabellenmodell lag in 13.961 + 1337 = 15.298 von 20.000 Fällen richtig, was einer korrekten Klassifikationsrate von 0,765 entspricht. Der Fehler war stark verzerrt und wurde von dem Modell dominiert, das 4113 Beobachtungen als 0 vorhersagte, die sich jedoch als Ergebnisse herausstellten. Ein alternatives Modell wäre degeneriert, d. h. es würde einfach alle Beobachtungen als 0 vorhersagen. Dies hätte zu einer besseren Ergebnis geführt, mit 18.074 richtigen Ergebnisse von 20.000, was einer korrekten Klassifizierungsrate von 0,904 entspricht. Dieser Wert kann als gleichwertige Vorhersageleistung angesehen werden.

Eine Erhöhung der Testabschneiderate führt zu verbesserten Modellen. Wir verwendeten ansteigende Cutoffs von 0,2, 0,3, 0,4 und 0,5, was zu korrekten Klassifizierungsraten von 0,866 für eine Mindestkonfidenz von 0,2, 0,897 für eine Mindestkonfidenz von 0,3, 0,903 für eine Mindestkonfidenz von 0,5 und 0,907 für eine Mindestkonfidenz von 0,5 führte. Nur das Modell mit einer Cutoff-Rate von

Tab. 4.5 Grundlegende RFM-Modelle nach Cut-off (Grenzlinie)

Cut-off (Grenze)	R	F	M
0.1	R = 5	unbegrenzt	unbegrenzt
	R = 4	F = 5	M = 3, 4, oder 5
		F = 4	M = 4 oder 5
		F = 3	M = 5
	R = 3	F = 4 oder 5	M = 3, 4, oder 5
0.2	R = 5	F = 2, 3, 4 oder 5	unbegrenzt
	R = 4	F = 5	M = 3, 4, oder 5
0.3	R = 5	F = 3, 4, oder 5	M = 2, 3, 4 oder 5
0.4	R = 5	F = 4 oder 5	M = 2, 3, 4 oder 5
0.5	R = 5	F = 5	M = 3, 4, oder 5

0,5 führte zu einer besseren Klassifizierungsrate als das degenerierte Modell. In der Praxis würde die beste Abschneiderate durch eine Analyse der finanziellen Auswirkungen bestimmt werden, die die Kosten beider Fehlertypen widerspiegelt. Hier verwenden wir einfach die Klassifizierungsgenauigkeit insgesamt, da wir keine Dollarwerte verwenden können.

Ausgleichende Zellen

Eines der Probleme mit RFM ist die Schiefe in der Zelldichte. Unser Datensatz ist klein, und es wäre natürlich besser, Millionen von Beobachtungen zu haben, was die Zellzahlen erhöhen würde. Manchmal sind jedoch keine Daten verfügbar, und unser Ziel ist es, RFM zu demonstrieren. Ein zweiter Ansatz könnte darin bestehen, zu versuchen, Zellen mit einer gleichmäßigeren Dichte zu erhalten (Größenkodierung). Wir können dies erreichen, indem wir die Zellengrenzen durch die Zählung des Baukastens festlegen. Da wir es mit drei Skalen zu tun haben, können wir nicht für jede der 125 kombinierten Zellen die gewünschte Anzahl erhalten. Aber wir können uns annähern, wie in Tab. 4.6. Schwierigkeiten ergaben sich vor allem dadurch, dass F ganzzahlige Werte hat. Die Grenzwerte in Tab. 4.6 wurden nacheinander generiert, indem zunächst R in 5 ungefähr gleiche Gruppen unterteilt wurde. Innerhalb jeder Gruppe wurde F dann in Gruppen auf der Grundlage ganzer Werte sortiert, und innerhalb dieser 25 Gruppen wurde M in ungefähr gleich große Gruppen aufgeteilt.

Die Ungleichmäßigkeit der Zelldichten ist auf die ungeraden Zahlen in den wenigen Ganzzahlen zurückzuführen, die für die Kategorie F verfügbar sind. Der Anteil der positiven Ergebnisse in der Trainingsmenge ist in Tab. 4.7 angegeben, wobei korrekte Klassifizierungsraten von 0,1 oder höher fett gedruckt sind. Alle Zellen in Tab. 4.7 hatten eine Mindestunterstützung von mindestens 149, wie in Tab. 4.6 gezeigt.

Tab. 4.6 Zelldichten der ausgeglichenen Gruppe – Trainingsset

RF	M1	M2	M3	M4	M5
55	186	185	149	223	187
54	185	186	185	185	186
53	187	185	188	186	187
52	184	184	185	184	185
51	186	187	186	187	186
45	268	265	270	289	246
44	269	269	268	274	264
43	272	267	280	251	296
42	263	263	265	245	283
41	268	261	261	259	277
35	331	330	349	316	330
34	324	325	322	325	324
33	332	331	329	332	335

(Fortsetzung)

Tab. 4.6 (Fortsetzung)

RF	M1	M2	M3	M4	M5
32	330	330	330	331	330
31	323	324	323	326	324
25	733	730	735	737	733
24	735	736	735	737	734
23	747	746	751	749	748
22	705	704	707	704	707
21	731	733	730	735	732
15	1742	1746	1739	1740	1744
14	1718	1715	1713	1713	1716
13	1561	1809	1689	1675	1684
12	1768	1775	1771	1779	1762
11	1830	1831	1832	1824	1839

Tab. 4.7 Anteil der Ergebnisse im Trainingssatz nach Zellen

RF	M1	M2	M3	M4	M5
55	**0,129**	**0,178**	**0,101**	**0,673**	**0,818**
54	0,059	**0,118**	**0,189**	**0,541**	**0,629**
53	0,064	**0,130**	**0,287**	**0,392**	**0,647**
52	0,076	**0,103**	**0,200**	**0,424**	**0,605**
51	0,054	**0,102**	**0,274**	**0,406**	**0,527**
45	0,037	**0,109**	**0,141**	**0,211**	**0,378**
44	0,041	**0,108**	**0,116**	**0,281**	**0,417**
43	0,033	0,052	**0,125**	**0,072**	**0,483**
42	0,049	0,118	0,098	0,073	**0,544**
41	0,045	0,038	0,092	0,116	**0,531**
35	0,045	0,067	0,138	0,060	**0,458**
34	0,052	0,043	0,059	0,080	**0,448**
33	0,042	0,048	0,058	0,093	**0,433**
32	0,027	0,045	0,058	0,097	**0,379**
31	0,050	0,040	0,062	0,080	**0,414**
25	0,037	0,051	0,056	0,084	**0,254**
24	0,024	0,046	0,052	0,076	**0,309**
23	0,051	0,047	0,055	0,080	**0,273**
22	0,027	0,040	0,055	0,068	**0,246**
21	0,027	0,038	0,048	0,076	**0,242**
15	0,017	0,021	0,025	0,051	**0,146**
14	0,016	0,017	0,033	0,054	**0,167**
13	0,010	0,019	0,034	0,052	**0,156**
12	0,018	0,021	0,036	0,043	**0,137**
11	0,016	0,022	0,014	0,044	**0,154**

Wenn M = 5 ist, sagt dieses Modell eine überdurchschnittliche Reaktion voraus. Es besteht eine Dominanzbeziehung, so dass die Zellen 542 und besser, 532 und besser, 522 und besser, 512 und besser, 452 und besser, 442 und besser und 433 und besser eine überdurchschnittliche Reaktion vorhersagen. Die Zellen 422, 414 und 353 haben überdurchschnittliche Trainingsreaktionen, aber Zellen mit besseren R- oder F-Ratings haben unterdurchschnittliche Reaktionen, so dass diese drei Zellen aus dem Modell für überdurchschnittliche Reaktionen herausgenommen wurden. Die Vorhersagegenauigkeit ((13.897 + 734)/20.000) für dieses Modell betrug 0,732 (siehe die Zeile Ausgleich auf 0,1 im Anhang). In diesem Fall brachte das Ausbalanzieren der Zellen keine zusätzliche Genauigkeit gegenüber dem RFM-Basismodell mit unbalanzierten Zellen. Bei Verwendung des Abschneidegrads von 0,5 entspricht das Modell der Vorhersage, dass die Kombination von R = 5, F = 4 oder 5 und M = 4 oder 5 antwortet und alle anderen nicht. Dieses Modell hatte eine korrekte Klassifizierungsrate von 0,894 und war damit schlechter als der degenerierte Fall. Bei diesem Datensatz erzielte das Ausbalancieren der Zellen bessere statistische Eigenschaften pro Zelle, war aber kein besserer Prädiktor.

Auftrieb (Lift)

Der Lift ist der marginale Unterschied zwischen dem Antwortanteil eines Segments auf eine Werbeaktion und der durchschnittlichen Ergebnisquote. Die Methode sortiert die Segmente nach der Ergebniswahrscheinlichkeit und vergleicht die kumulative Ergebniskurve mit der durchschnittlichen Ergebnis. Das grundlegende Ziel der Lift-Analyse im Marketing ist es, diejenigen Kunden zu identifizieren, deren Entscheidungen durch das Marketing positiv beeinflusst werden. Zielkunden werden als die kleine Teilmenge von Personen mit einer geringfügig höheren Kaufwahrscheinlichkeit identifiziert.

Wahrscheinlich sind wir aber eher am Gewinn interessiert. Der Auftrieb (Lift) selbst berücksichtigt die Rentabilität nicht. Wir können die profitabelste Police ermitteln, aber was wirklich getan werden muss, ist die Ermittlung des Teils der Bevölkerung, an den Werbematerialien geschickt werden sollen. Für unsere Zwecke demonstrieren wir ohne Dollarwerte (die nicht zur Verfügung stehen) und stellen fest, dass die relativen Kosten des Marketings und die erwartete Rentabilität pro Segment die optimale Anzahl der zu vermarktenden Segmente bestimmen. Das Fahrstuhldiagramm für diese Daten ist in Abb. 4.3 dargestellt.

Der Lift erreicht sein Maximum bei Gruppe 554, der 73. von 125 Zellen. Diese Zelle hatte eine Ergebnisquote von 0,75 und lag damit leicht über dem Durchschnitt der Trainingsdaten von 0,739. Natürlich geht es nicht um die Maximierung des Auftriebs, sondern um die Maximierung der Rentabilität, was die Kenntnis der erwarteten Gewinnrate für die Einnahmen und die Marketingkosten voraussetzt. Die Testergebnisse für die Kodierung der Daten mit der Bemühung, die Zellengröße auszugleichen, ergaben mit 0,792 eine insgesamt korrekte Klassifizierung, die relativ besser war.

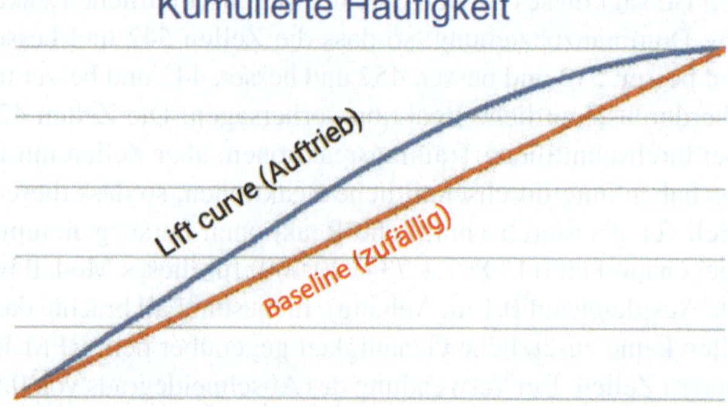

Abb. 4.3 Lift für ausgeglichene Datengruppen

Tab. 4.8 V-Werte nach Zellen

Zelle	Min V	UL	Treffer	N	Erfolg
1	0,0000	4077	91	4076	0,0223
2	0,0063	8154	69	4077	0,0169
3	0,0097	12.231	116	4077	0,0285
4	0,0133	16.308	109	4077	0,0267
5	0,0171	20.385	120	4077	0,0294
6	0,0214	24.462	119	4077	0,0292
7	0,0263	28.539	151	4077	0,0370
8	0,0320	32.616	174	4077	0,0427
9	0,0388	36.693	168	4077	0,0412
10	0,0472	40.770	205	4077	0,0503
11	0,0568	44.847	258	4077	0,0633
12	0,0684	48.924	256	4077	0,0628
13	0,0829	53.001	325	4077	0,0797
14	0,1022	57.078	360	4077	0,0883
15	0,1269	61.155	408	4077	0,1001
16	0,1621	65.232	542	4077	0,1329
17	0,2145	69.309	663	4077	0,1626
18	0,2955	73.386	827	4077	0,2028
19	0,4434	77.463	1134	4077	0,2781
20	0,7885	81.540	1686	4070	0,4143
Gesamt/Durchschnitt			7781	81.532	0,0954

Wert Funktion

Die Wertfunktion komprimiert die RFM-Daten auf eine Variable – V = M/R. Da F stark mit M korreliert ist (0,631 in Tab. 4.1), wird die Analyse auf eine Dimension vereinfacht. Die Aufteilung des Trainingssatzes in 5 %-Gruppen, sortiert nach V, ergibt Tab. 4.8.

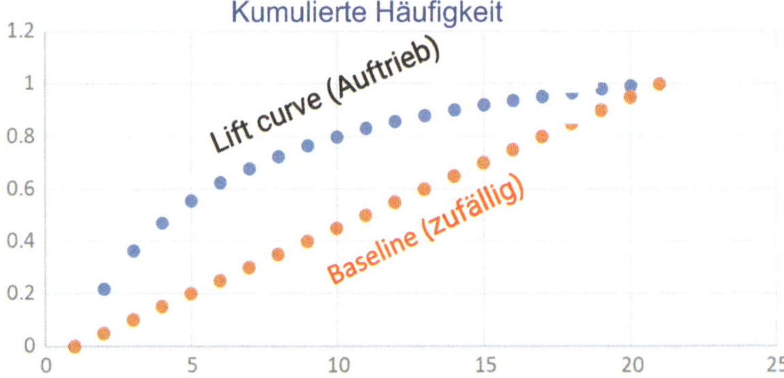

Abb. 4.4 Auftrieb nach Wertverhältniszelle

Abb. 4.4 zeigt den Auftrieb als Differenz zwischen kumulativem Erfolg und Zufall für Daten, die nach Wertverhältnis sortiert sind.

In Abb. 4.4 hat das Segment mit der höchsten Rücklaufquote eine erwartete Rendite von etwas über 40 %. Die Hublinie ist der kumulative durchschnittliche Rücklauf, wenn Segmente hinzugefügt werden (in der Reihenfolge der Rücklaufquote).

Software-Demonstration der RFM-Analyse mit Excel

Es gibt verschiedene Software-Tools, die für die Durchführung einer RFM-Analyse verwendet werden können. Die Berechnungen können mit Excel durchgeführt werden. Bei der RFM-Analyse wird jeder Parameter in fünf Kategorien unterteilt. Daher müssen wir einen Weg finden, um diese Grenzen zu bestimmen. Wie bereits in diesem Kapitel erläutert, gibt es mehrere Ansätze. Eine höhere Frequenz führt zu einer kürzeren Zeitspanne zwischen den einzelnen Perioden. Mit anderen Worten, eine hohe Frequenz führt zu einer kürzeren Regenerationszeit, wie auch im Histogramm zu sehen ist. In diesem Histogramm wird der gesamte Datenbereich gleichmäßig aufgeteilt. Um die Grenzen zu ermitteln, müssen das Minimum und das Maximum sowie andere Parameter der Daten bestimmt werden. Dies geschieht in Excel mit der Funktion = MIN(Bereich) und = MAX(Bereich), deren Ergebnis in Tab. 4.9 dargestellt ist.

Nachdem wir das Maximum und Minimum ermittelt haben, erhalten wir die gewünschte Schrittweite, indem wir den Datenbereich durch fünf teilen, da wir in diesem Fall fünf Kategorien erstellen möchten. Durch diese Teilung ergeben sich die Segmentbereiche: Aktualität (1): zwischen 0 und 308; (2) zwischen 309 und 616; (3) zwischen 617 und 924; (4) zwischen 925 und 1232; und (5) zwischen 1233 und 1540.

Mit einer einfachen Gleichung können wir dann die Zuordnung ermitteln:

Tab. 4.9 Zusammenfassende Statistiken aus Excel

	Aktualität	Frequenz	Monetär
Summe	301.385	6629	746.096
Durchschnitt	301	7	746
Max	1540	56	8579
Min	1	1	5
Bereich	1539	55	8575
5	385	14	2144

Tab. 4.10 Anzahl der Treffer innerhalb der 5 Gruppen

Gruppe	Aktualität	Frequenz	Monetär
1	756	918	930
2	98	71	60
3	52	10	7
4	93	0	2
5	1	1	1
Gesamtzahl	1000	1000	1000

Zuweisung der Häufigkeit = 1 + INT((Häufigkeit – Häufigkeit Minimum)/385) unter Verwendung der entsprechenden Excel-Zellbezüge. Als nächstes zählen wir die Anzahl der Fälle in jeder Kategorie, was mit der Funktion COUNTIF durchgeführt werden kann. Mit der folgenden Gleichung wird zum Beispiel gezählt, wie viele der Zellen in H25-H1024 die in Zelle M17 angegebene Bedingung erfüllen

$$= \text{COUNTIF}\left(\text{H25} : \text{H1024,M17}\right)$$

Wir führen diese Analyse durch und erhalten die in Tab. 4.10 dargestellten Daten.

Wir sehen, dass gleichmäßig verteilte Bereiche große Werte für einige wenige Zellen und sehr niedrige (sogar leere) Werte für andere ergeben. Nachdem wir zum Beispiel einem Kunden R = 1, F = 1 und M = 1 zugewiesen haben, würden wir diesem Kunden den RF-Score = 11 zuweisen. Wenn die gewünschten Werte in den Zellen H25 und I25 stehen, würde die Funktion lauten:

$$= \text{H25}\,\&\,\text{I25}$$

Nun möchten wir zählen, wie viele Kunden diese Bedingungen erfüllen, oder die Summe oder den Mittelwert der Kunden erhalten. Dies kann in Excel mit der SUMIFS-Funktion und der COUNTIF-Funktion erfolgen:

$$= \text{IF}(\$\text{V25} <> 0, (\text{SUMIFS}\left(\text{C}\$25 : \text{C}\$1024, \$\text{L}\$25 : \$\text{L}\$1024, \$\text{Q25})),\text{""}\right)$$

Mit diesen Funktionen erhalten wir die Werte in Abb. 4.5.

Wir können uns ein Bild machen, wie in Abb. 4.6 gezeigt.

Gesamtgeldwert

Recency (Aktualität) \ Monetary (Geldwert)	Frequency (Häufigkeit) 1	2	3	4	5
1	468304	165331	38533		8070
2	37312				
3	16963				
4	11527				
5	55				

Kundenzahl

Recency (Aktualität) \ Kunden	Frequency (Häufigkeit) 1	2	3	4	5
1	674	71	10		1
2	98				
3	52				
4	93				
5	1				

Geldwert pro Kunde

Recency (Aktualität) \ Monetary (Geldwert)	Frequency (Häufigkeit) 1	2	3	4	5
1	695	2329	3853		8070
2	381				
3	326				
4	124				
5	55				

Recency (Aktualität) \ Monetary (Geldwert)	Frequency (Häufigkeit) 1	2	3	4	5
1	63%	22%	5%		1%
2	5%				
3	2%				
4	2%				
5	0%				

Recency (Aktualität) \ Kunden	Frequency (Häufigkeit) 1	2	3	4	5
1	67%	7%	1%		
2	10%				
3	5%				
4	9%				
5	0%				

Recency (Aktualität) \ Monetary (Geldwert)	Frequency (Häufigkeit) 1	2	3	4	5
1	93%	312%	516%		1082%
2	51%				
3	44%				
4	17%				
5	7%				

Abb. 4.5 Anzahl innerhalb der Gruppen

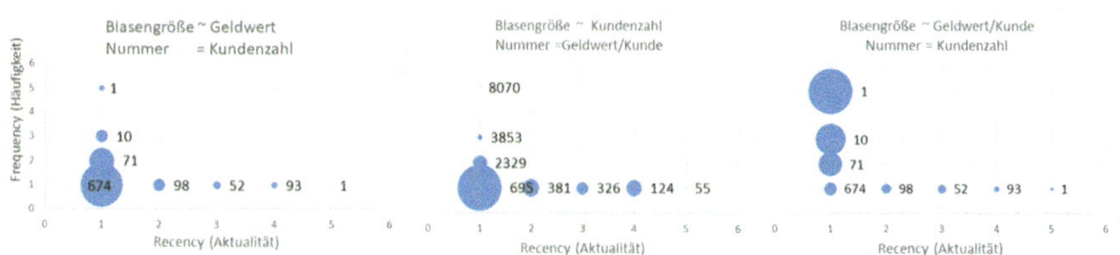

Abb. 4.6 Diagramme aus Excel

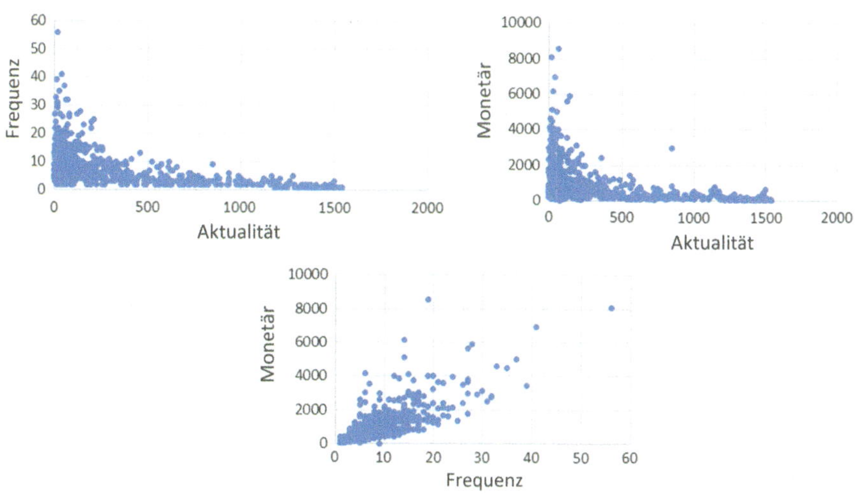

Abb. 4.7 Streudiagramme der RFM-Daten

Abb. 4.6 enthält Blasengrößen, um die Dichte der Punkte besser erkennen zu können. Ein ähnlicher Ansatz zur Visualisierung der Daten wurde von Kohavi und Parekh (2004) vorgeschlagen. Dies kann durch Streudiagramme wie in Abb. 4.7 verdeutlicht werden.

Berechnung von Perzentilen

Die obige Analyse basierte auf Standardabweichungen. Bei der RFM-Analyse werden die Grenzen jedoch durch Perzentile gebildet. Dies beschreibt die Daten besser und ermöglicht eine Strategie für verschiedene Kunden. Der italienische Wirtschaftswissenschaftler Vilfredo Pareto war ein begeisterter Gärtner und stellte fest, dass 20 % der Erbsenschoten in seinem Garten satte 80 % der gesamten Erbsen enthielten. Er wendete diese interessante Erkenntnis auf seine wirtschaftliche Arbeit an und entdeckte, dass etwa 20 % der Menschen in Italien etwa 80 % des Landes besaßen. Das ist die gleiche Art von Beobachtung, die wir in der RFM-Analyse durchführen möchten. Aber wie Pareto, der sich die Erbsenpflanzen ansah und vielleicht versuchte, die Versorgung der Erbsen mit Wasser, Kompost und Licht zu steuern, um den Ertrag zu verbessern, müssen wir einen offenen Geist haben. Die RFM-Analyse hilft uns zu erkennen, wer unsere besseren Kunden sind, damit wir sie gut behandeln können.

Die Ermittlung dieser Perzentile kann in Excel erfolgen. Die nachstehende Gleichung ermittelt beispielsweise den Wert für das 20 %-Perzentil der Werte in den Zellen B15 bis B1014:

$$= \text{PERCENTILE}\left(\text{B15}:\text{B1014,20 \%}\right)$$

Wir können zählen, um mehr ausgeglichene Zellen zu erhalten. Interessant ist vor allem, wie die Werte festgelegt werden. Im Fall der Häufigkeit gibt es zum Beispiel eine kleine Schrittweite für das untere Perzentil und eine größere Schrittweite für das obere Perzentil (Tab. 4.11).

Nun können wir die Daten erneut wie in Abb. 4.8 darstellen.

Tab. 4.11 Zählungen auf der Grundlage von Perzentilen

Perzentil		Aktualität			Frequenz			Monetär		
0		Anzahl	Minni-mum	Klasse	Anzahl	Minni-mum	Klasse	Anzahl	Minni-mum	Klasse
20 %	1	190	1	5	200	1	1	200	5	1
40 %	2	210	24	4	141	3	2	200	169	2
60 %	3	199	57	3	215	4	3	200	334	3
80 %	4	201	166	2	196	6	4	200	583	4
100 %	5	200	555	1	248	9	5	200	1111	5

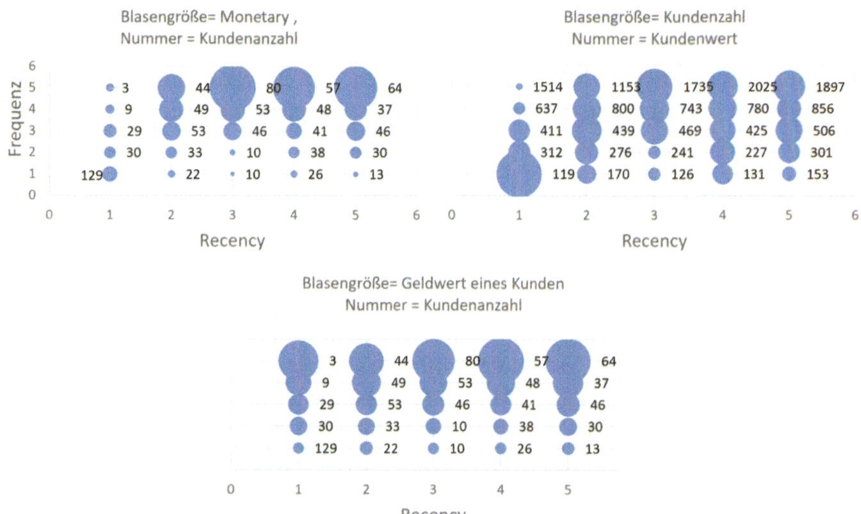

Abb. 4.8 Diagramme von gleichmäßig verteilten Zellen

Tab. 4.12 Regressionsbetas für die logistische Regression

Variabel	Beta	Bedeutung
Konstante	−1,5462	0,05
R	−0,0015	<0,05
F	0,2077	<0,05
M	−0,0002	

Data-Mining-Klassifizierungsmodelle

Es gibt drei grundlegende Data-Mining-Klassifizierungsalgorithmen: Logistische Regression, Entscheidungsbäume und neuronale Netzmodelle.

Logistische Regression

Der Zweck der logistischen Regression besteht darin, die Fälle in die wahrscheinlichste Kategorie einzuordnen. Die logistische Regression liefert einen Satz von β-Parametern für den Achsenabschnitt (oder die Achsenabschnitte bei ordinalen Daten mit mehr als zwei Kategorien) und unabhängige Variablen, die auf eine logistische Funktion angewendet werden können, um die Wahrscheinlichkeit der Zugehörigkeit zu einer bestimmten Ausgangsklasse zu schätzen. Die logistische Regression gehört zu den beliebtesten Data-Mining-Techniken im Bereich Marketing-DSS und Ergebnismodellierung. Ein logistisches Regressionsmodell wurde auf RFM-Variablen angewendet. Die Modellergebnisse sind in Tab. 4.12 dargestellt.

M war in diesem Modell nicht signifikant. Die Anwendung auf Testdaten ergab eine korrekte Gesamtklassifizierungsrate von 0,907. Die logistische Regression hat die Möglichkeit, andere Variablen einzubeziehen. Die einzige externe Variable, die für RFM zur Verfügung stand, war Werbung. Die Einbeziehung der Verkaufsförderung verbesserte die Modellanpassung nur geringfügig.

Entscheidungsbaum

Entscheidungsbäume im Zusammenhang mit Data-Mining beziehen sich auf die Baumstruktur von Regeln. Sie wurden von vielen bei der Analyse von Direktmarketingdaten eingesetzt. Beim Data-Mining-Entscheidungsbaumverfahren werden die Variablen gesammelt, von denen der Analyst annimmt, dass sie sich auf die betreffende Entscheidung auswirken könnten, und diese Variablen werden auf ihre Fähigkeit hin analysiert, das Ergebnis vorherzusagen. Entscheidungsbäume sind nützlich, um weitere Einblicke in das Kundenverhalten zu gewinnen und Wege zu finden, um die Ergebnisse gewinnbringend zu nutzen. Einer von mehreren Algorithmen bestimmt automatisch, welche Variablen am wichtigsten sind, und zwar auf der Grundlage ihrer Fähigkeit, die Daten in die richtige Ausgabekategorie zu sortieren. Die Methode hat gegenüber dem neuronalen Netz den relativen Vorteil, dass ein wiederverwendbarer Satz von Regeln bereitgestellt wird, der die Schlussfolgerungen des Modells erklärt.

Für Datensatz 1 verwendeten wir J48, einen der beliebtesten Entscheidungsbaumalgorithmen. Der J48-Entscheidungsbaumalgorithmus wurde auf die Testmenge von 20.000 angewendet. Der daraus resultierende Entscheidungsbaum ist in Tab. 4.13 dargestellt.

Beachten Sie, dass F überhaupt nicht berücksichtigt wurde. Dies ist durch die hohe Korrelation zwischen M und F und die Dominanz von R bei der Erzielung einer besseren Anpassung erklärbar. Dieses Modell schnitt bei den Testdaten sehr gut ab, mit einer korrekten Klassifizierungsrate von 0,984.

Neuronale Netze

Neuronale Netze sind das dritte klassische Data-Mining-Tool, das in den meisten kommerziellen Data-Mining-Softwareprodukten zu finden ist, und wurden für Direktmarketinganwendungen eingesetzt. NN sind bekannt für ihre Fähigkeit, schnell auf spärlichen Datensätzen zu trainieren. PNN unterteilt Daten in eine bestimmte Anzahl von Ausgabekategorien. NN sind dreischichtige Netzwerke, bei denen die Trainingsmuster der Eingabeschicht vorgelegt werden und die Ausgabeschicht ein Neuron für jede mögliche Kategorie hat.

Tab. 4.13 J48 Entscheidungsbaum

R	M	Ja	Insgesamt	P(Ja)	P(Nein)	Schlussfolgerung	Fehler
0–36		1	1	1,000		Ja	
37–152		41	619	0,066	0,934	Nein	41
153		605	606	0,998	0,002	Ja	1
154–257		53	1072	0,049	0,951	Nein	53
258–260		449	500	0,898	0,102	Ja	51
261–516		0	2227	0,000	1,000	Nein	
517–519		119	144	0,826	0,174	Ja	25
520–624		0	1219	0,000	1,000	Nein	
625		206	227	0,907	0,093	Ja	21
626–883		0	2047	0,000	1,000	Nein	
884		51	68	0,750	0,250	Ja	17
885–989		0	1116	0,000	1,000	Nein	
990		135	160	0,844	0,156	Ja	25
991–1248		0	1773	0,000	1,000	Nein	
1249		31	37	0,838	0,162	Ja	6
1250–1354		0	985	0,000	1,000	Nein	
1355		85	108	0,787	0,213	Ja	23
1356–1612		0	1290	0,000	1,000	Nein	
1613–1614		17	28	0,607	0,393	Ja	11
1615–1720		0	786	0,000	1,000	Nein	
1721		36	36	1,000	0,000	Ja	
1722–2084		14	1679	0,008	0,992	Nein	14
2085–2086		18	18	1,000	0,000	Ja	
2087–2343		0	831	0,000	1,000	Nein	
2344–2345		7	7	1,000	0,000	Ja	
2346–2448		0	404	0,000	1,000	Nein	
2449–2451	M> 44	21	24	0,875	0,125	Ja	3
	$M \leq 44$	8	12	0,667	0,333	Nein	8
2452–2707		0	665	0,000	1,000	Nein	
2708–2710		3	5	0,600	0,400	Ja	2
2711+		26	1306	0,020	0,980	Nein	26
Insgesamt		1926	20.000	0,096	0,904		327

Es gibt viele andere neuronale Netzmodelle mit einer Reihe von Parametern, die ausgewählt werden können. Bei der Prüfung einer Reihe dieser Modelle wurde die beste Anpassung mit einem probabilistischen neuronalen Netz (PNN) erzielt, dass eine korrekte Klassifizierungsrate von 0,911 ergab.

Tab. 4.14 zeigt die vergleichende Leistung der auf Datensatz 1 angewandten Modelle.

Tab. 4.14 Vergleichende Modellergebnisse – Datensatz 1

Modell	Tatsächliche keine Reaktion, Modellreaktion	Tatsächliche Reaktion, Modell keine Reaktion	Richtige Ergebnis	Insgesamt richtige Klassifizierung
Entartete (degenerate)	**0**	**1926**	18.074	**0,904**
Basis-RFM auf 0.1	**4113**	**589**	15.295	0,765
Basis-RFM auf 0.2	**1673**	**999**	17.328	0,866
Basis-RFM auf 0.3	**739**	**1321**	17.940	0,897
Basis-RFM auf 0.4	**482**	**1460**	18.058	0,903
Basis-RFM auf 0.5	**211**	**1643**	18.146	**0,907**
Gleichgewicht mit 0.5	**1749**	**379**	17.872	0,894
Wertfunktion	**623**	**4951**	14.426	0,721
Logistische Regression	**1772**	**91**	18.137	**0,907**
Neuronales Netz	**119**	**1661**	18.220	**0,911**
Entscheidungsbaum	**185**	**142**	19.673	**0,984**

Tab. 4.15 Korrelationen der Variablen

	R	F	M	Ergebnis
R	1			
F	−0,237**	1		
M	−0,125**	0,340**	1	
Resultat	−0,266**	0,236**	0,090**	1

**Korrelation ist signifikant auf dem Niveau von 0,01 (2-tailed)

Datensatz 2

Der zweite Datensatz (ebenfalls von der Direkt Marketing Education Foundation) basiert auf den Daten von 1.099.009 Einzelspendern, die zwischen 1991 und 2006 an eine gemeinnützige Organisation gespendet haben. Die durchschnittliche Ergebnisquote betrug 0,062. Die Bestellungen (oder Spenden) enthielten das Bestell- (oder Spenden-)Datum und den Bestellbetrag. Die letzten vier Monate (Aug-Dez 2006) wurden als Testdaten für Datensatz 2 verwendet. Der Analyseprozess bestand aus der Erstellung von Modellen mit Hilfe der einzelnen Data-Mining-Techniken und der Bewertung der Modelle. Es wurde eine erste Korrelationsanalyse durchgeführt, die zeigte, dass es eine signifikante Korrelation zwischen diesen Variablen gab, wie in Tab. 4.15 dargestellt.

F und M scheinen eine starke Korrelation aufzuweisen. R und F scheinen starke Prädiktoren für die Kundenreaktion zu sein. Tab. 4.16 zeigt die RFM-Grenzwerte für diesen Datensatz und die Anzahl der Zellen.

Wir erstellten ein RFM-Modell, indem wir die gleichen Verfahren wie für Datensatz 1 beschrieben anwendeten. Ein RFM-Modell mit einer Cutoff-Rate von 0,1

Tab. 4.16 RFM-Grenzen

Faktor	Min	Max	Gruppe 1	Gruppe 2	Gruppe 3	Gruppe 4	Gruppe 5
R	1	4950	2811+	1932–2811	935–1932	257–935	1–257
Zahl			220.229	219.411	220.212	219.503	219.654
F	1	1027	1	2	3	4	5+
Zahl			599.637	190.995	95.721	57.499	155.157
M	0	100,000	0–9	10–24	25–39	40–89	90+
Zahl			248.639	343.811	77.465	209.837	219.257

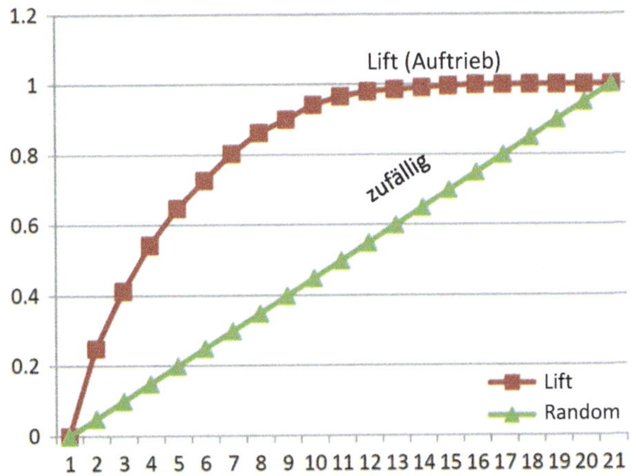

Abb. 4.9 Auftriebsdiagram (Lift) für Datensatz 2

wurde für die Hälfte des Datensatzes erstellt und für die andere Hälfte getestet. Das Ergebnis war ein Modell mit einer korrekten Klassifikationsrate von 0,662. Dies war weitaus schlechter als alle anderen getesteten Modelle.

Da F nur wenige ganzzahlige Werte (1, 2, 3, 4, 5+) hat und stark verzerrt ist, was dazu führt, dass ein Großteil der Daten der F-Gruppe 1 zugeordnet wird, ergaben sich Schwierigkeiten beim Ausgleich der Zellen.

Abb. 4.9 zeigt das Hebediagramm für die V-Modelle. Das Lift-Diagramm zeigt, dass die 5 % der Fälle mit dem wahrscheinlichsten Resultat viel wahrscheinlicher als die 50 % mit dem schlechtesten Resultat. Der Anteil der Ergebnisse im Testsatz für die 5 % mit den höchsten V-Werten im Trainingssatz hatte ein Verhältnis von 0,311, verglichen mit weniger als 0,010 für die schlechtesten 50 %. Wir haben verschiedene V-Werte verwendet (0,05 und höher; 0,10 und höher; 0,15 und höher; 0,20 und höher; 0,25 und höher; und 0,30 und höher). Diese sechs Modelle ergaben sehr konsistente Ergebnisse (siehe Anhang), die nur geringfügig schlechter waren als die des entarteten Modells (degenerate Model). Wenn die Datensätze stark verzerrt sind, wie es hier der Fall ist, und nur etwa 5 % der Befragten antworten, ist das entartete Modell nur sehr schwer zu schlagen.

Tab. 4.17 Vergleichende Modellergebnisse – Zweiter Datensatz

Modell	Tatsächliche keine Reaktion, Modellreaktion	Tatsächliche Reaktion, Modell keine Reaktion	Richtige Ergebnis	Insgesamt richtige Klassifizierung
Entartete	**0**	**34.598**	515.123	**0,9371**
Basis-RFM	**4174**	**181.357**	364.190	0,6625
Wertfunktion > 5	**6212**	**30.418**	513.091	0,9334
Wertfunktion > 10	**3344**	**31.830**	514.547	0,9360
Wertfunktion > 15	**2296**	**32.475**	514.950	0,9367
Wertfunktion > 20	**1712**	**32.867**	515.142	0,9371
Wertfunktion > 25	**1400**	**33.136**	515.185	0,9372
Wertfunktion > 30	**1153**	**33.330**	515.238	0,9373
Logistische Regression	**821**	**32.985**	515.915	**0,9385**
Neuronales Netz	**876**	**32.888**	515.957	**0,9386**
Entscheidungsbaum	**393**	**33.373**	515.955	**0,9386**

Tab. 4.18 Gewinne

	10 %	20 %	30 %	40 %	50 %
RFM-Punktzahl	40,38	62,39	84,66	95,63	97,90
LR	43,24	66,22	86,10	95,75	99,75
DT	44,68	70,75	87,41	96,63	97,96
NN	43,64	67,58	86,12	95,75	99,77

Alle drei prädiktiven Data-Mining-Modelle (DT, LR, NN) wurden wie in Datensatz 1 erstellt. Das Ergebnis ist, dass diese drei Modelle in Bezug auf die Genauigkeit gleich gut abschneiden (0,938), wie in Tab. 4.17 dargestellt.

Wir führten die in Tab. 4.18 dargestellte Gewinnanalyse durch. Die Vorhersagemodelle mit Entscheidungsbaum, logistischer Regression und neuronalen Netzen übertrafen das RFM-Score-Modell. Der Leistungsunterschied ist deutlicher, wenn eine kleine Stichprobengröße (z. B. 20 %) für die Spenderwerbung gewählt wird.

Schlussfolgerungen

Die Ergebnisse für alle Data-Mining-Klassifizierungsmodelle sind recht ähnlich, und da wir nur zwei Datensätze getestet haben, kann keines als eindeutig besser identifiziert werden. Das ist in der Tat typisch, und es ist gängige Praxis, logistische Regression, neuronale Netze und Entscheidungsbäume gleichzeitig zu testen, um einen bestimmten Datensatz anzupassen. Das Entscheidungsbaummodell liefert mit seinen Regeln eine klare beschreibende Argumentation. Logistische Modelle sind für Personen mit statistischem Hintergrund einigermaßen interpretierbar, sind aber nicht so klar wie lineare Regressionsmodelle. Neuronale Netzwerkmodelle passen sich sehr oft gut an komplexe Daten an, haben aber nur eine begrenzte Erklärungskraft.

Die grundlegende RFM-Analyse basiert auf den einfachsten Daten. Es ist ein erheblicher Aufwand, die Daten in Zellen zu sortieren. Ein traditioneller Ansatz besteht darin, die Daten in 125 Zellen zu unterteilen (fünf gleichmäßig skalierte Unterteilungen für Häufigkeit, Häufigkeit und Geldwert). Dieser Ansatz führt jedoch zu sehr ungleichen Zellenbeobachtungen. Analysten könnten die Analyse auf die Anzahl der Kunden oder auf den gekauften Dollarwert anwenden. Da das Dollar-Volumen in der Regel von größerem Interesse ist als die einfache Kundenzahl, wird erwartet, dass es in der Regel bessere Informationen für die Entscheidungsfindung liefert. Genau das haben wir in unseren Daten beobachtet.

Die schlechteste Leistung in allen drei Dimensionen hat in der Regel eine viel höhere Dichte als andere Zellen (Miglautsch 2002). Aber diese Kunden können viele potenzielle Wachstumsmöglichkeiten bieten. Wir haben gezeigt, wie man die Zellgrößen ausbalancieren kann, was eine etwas umfangreichere Datenmanipulation erfordert. Bei der Anwendung auf unseren Datensatz ergab sich jedoch ein wesentlich besseres Vorhersagemodell.

Ein weiterer Nachteil ist, dass diese drei Variablen (R, F und M) nicht unabhängig sind. Häufigkeit und Geldwert sind in der Regel stark korreliert. Die Wertfunktion von Yang vereinfacht die Daten und konzentriert sich auf eine Kennzahl. In unserer Analyse führte diese Datenreduktion zu Verbesserungen gegenüber dem grundlegenden RFM-Modell.

Anschließend wendeten wir drei klassische Data-Mining-Klassifizierungsalgorithmen an, die alle besser abschnitten als die RFM-Varianten, wobei alle drei in etwa gleichwertige Ergebnisse lieferten (das Modell des neuronalen Netzes PPN lieferte eine etwas bessere Übereinstimmung, aber das war das beste der fünf angewandten neuronalen Netzmodelle). Diese Modelle unterscheiden sich jedoch in ihrer Übertragbarkeit. Die logistische Regression liefert eine bekannte Formel für die Beta-Koeffizienten (obwohl die logistische Ausgabe für die Benutzer schwieriger zu interpretieren ist als die gewöhnliche lineare quadratische Regressionsausgabe). Entscheidungsbäume liefern die am einfachsten zu verwendende Ausgabe, solange man in der Lage ist, die Anzahl der generierten Regeln gering zu halten (hier hatten wir nur zwei Regeln, aber die Modelle können weit mehr Regeln umfassen).

Insgesamt ist die Klassifizierung von Kunden zur Ermittlung der wahrscheinlichsten Interessenten für zukünftige Verkäufe sehr wichtig (siehe Tab. 4.19). Wir haben eine Reihe von entwickelten Techniken geprüft und demonstriert. Außerdem haben wir die relativen Vor- und Nachteile jeder Methode bewertet und eine grobe Vorstellung von der relativen Genauigkeit auf der Grundlage der verwendeten Beispieldaten gegeben.

Marketingfachleute haben RFM als recht nützlich empfunden, vor allem weil die Daten in der Regel zur Hand sind und die Technik relativ einfach anzuwenden ist. Frühere Untersuchungen haben jedoch gezeigt, dass es leicht ist, mit anderen Data-Mining-Algorithmen ein besseres Vorhersagemodell für die Kundenreaktion zu erhalten (Olson und Chae 2012). RFM hat sich durchweg als weniger genau erwiesen

Tab. 4.19 Vergleich der Methoden

Modell	Relative Vorteile	Relative Nachteile	Schlussfolgerungen
Entartete (degenerate)	Neigt zu hoher Genauigkeit, wenn das Ergebnis stark verzerrt ist	Gedankenlos Sagt einfach nein Bietet keinen Grenznutzen	Wenn die Kosten für das Verpassen guter Ergebnisse gering sind, sollten Sie nichts unternehmen.
Basis-RFM	Weit verbreitet Daten sind leicht verfügbar Erhältliche Software	Durchgängig schwache Vorhersagegenauigkeit	Kann mit herkömmlichem Data-Mining besser arbeiten (RFM ist implizit ein Spezialfall)
RFM mit ausgeglichenen Daten	Bessere statistische Praxis	Kann die Genauigkeit nicht wirklich verbessern	Die Mühe nicht wert
Wertfunktion	Leicht anwendbar (verwendet 2 der 3 RFM-Variablen, so dass Daten leicht verfügbar sind) Konzentriert sich auf unkorrelierte Variablen	Nicht unbedingt genauer	Die Wertfunktion ist dem RFM überlegen
Logistische Regression	Kann eine bessere Passform erhalten Kann viele Variablen enthalten Modell statistisch interpretierbar	Logistische Ergebnisse sind für Manager schwieriger zu interpretieren als OLS	Entscheidungsbäume leichter zu interpretieren
Neuronales Netz	Kann eine bessere Passform erhalten Kann viele Variablen enthalten	Ausgabe nicht interpretierbar Das Modell kann nicht außerhalb der zur Erstellung des Modells verwendeten Software angewendet werden.	Entscheidungsbäume leichter zu interpretieren
Entscheidungsbäume	Kann eine bessere Passform erhalten Kann viele Variablen enthalten Leicht verständliche Ausgabe für Manager	Das Modell kann eine übermäßige Anzahl von Regeln enthalten	Beste Option, wenn die Anzahl der erhaltenen Regeln kontrolliert werden kann (durch den Parameter für die minimal erforderliche Ergebnis)

als andere Formen von Data-Mining-Modellen, aber das ist zu erwarten, da das ursprüngliche RFM-Modell segmentiert.

Die Angleichung der Zellgrößen durch Anpassung der Grenzwerte für die drei RFM-Variablen ist statistisch fundiert, führte aber in unseren Tests nicht zu einer verbesserten Genauigkeit. Sowohl in Datensatz 1 als auch in Datensatz 2 schnitt das

RFM-Basismodell deutlich schlechter ab als andere Vorhersagemodelle, mit Ausnahme des V-Funktionsmodells in Datensatz 1. Diese Ergebnisse deuten darauf hin, dass das Ausbalancieren von Zellen zwar zu einer Verbesserung der Passgenauigkeit beitragen kann, aber bei dem untersuchten Datensatz eine erhebliche Datenmanipulation für eine sehr geringe Verbesserung der Vorhersage erfordert.

Die Verwendung des V-Verhältnisses ist eine Verbesserung des RFM, die in der Theorie nützlich ist, aber in unseren Tests sind die Ergebnisse gemischt. In Datensatz 1 lieferte die Technik keine bessere Vorhersagegenauigkeit. In Datensatz 2 führte sie zwar zu einer besseren Klassifizierungsrate, blieb aber hinter dem Degenerationsmodell zurück. Daher verdient diese Technik eine weitere Untersuchung. Insgesamt zeigen die obigen Ergebnisse, dass einige der vorgeschlagenen Alternativen zum traditionellen RFM bei der Vorhersage Einschränkungen aufweisen.

Die wichtigste Schlussfolgerung unserer Studie ist erwartungsgemäß, dass die klassischen Data-Mining-Algorithmen die RFM-Modelle sowohl in Bezug auf die Vorhersagegenauigkeit als auch auf die kumulativen Gewinne übertreffen. Dies liegt in erster Linie daran, dass Entscheidungsbäume, logistische Regression und neuronale Netze häufig als Benchmark für „prädiktive" Modellierungstechniken angesehen werden.

Während wir die Vorhersagegenauigkeit zusammen mit den kumulativen Gewinnen für den Modellvergleich verwendet haben, kann in der Praxis die Art des Fehlers in Form von relativen Kosten betrachtet werden, was einen Einfluss auf den Gewinn ermöglicht. Unsere Studie zeigt zum Beispiel, dass eine Erhöhung der Schwelle zwischen der Vorhersage einer Ergebnis und der Nichtvorhersage die korrekte Klassifizierung verbessern kann. Ein genaueres Mittel zur Bewertung wäre jedoch die Anwendung der traditionellen Kostenfunktion, die die Kosten der beiden Fehlerarten widerspiegelt. Dies ist auch bei der Bewertung anderer prädiktiver Modelle zu berücksichtigen. Daher sollten spezifische Modelle unter Berücksichtigung dieser relativen Kosten verwendet werden.

Die gute Leistung dieser Data-Mining-Methoden (insbesondere des Entscheidungsbaums) in Bezug auf die Vorhersagegenauigkeit und die kumulativen Gewinne deutet darauf hin, dass drei Variablen (R, F und M) allein für den Aufbau eines zuverlässigen Kundenreaktionsmodells nützlich sein können. Dies unterstreicht die Bedeutung der RFM-Variablen für das Verständnis des Kaufverhaltens der Kunden und die Entwicklung von Reaktionsmodellen für Marketingentscheidungen. Die Einbeziehung von Nicht-RFM-Attributen (z. B. Einkommen) wird die Modellleistung wahrscheinlich leicht verbessern. Ein ausgeklügeltes Modell mit zu vielen Variablen ist jedoch für Marketingfachleute nicht sehr effektiv, und eine Reduzierung der Variablen ist für die praktische Anwendung von Vorhersagemodellen wichtig. Marketingfachleute sollten sich dieses Zielkonflikts zwischen einem einfachen Modell (mit weniger Variablen) und einem ausgefeilten Modell (mit einer großen Anzahl von Variablen) bewusst sein und unter Verwendung ihrer Markt- und Produktkenntnisse ein ausgewogenes Modell entwickeln.

Literatur

Kohavi R, Parekh R (2004) Visualizing RFM segmentation. In: Proceedings of the 2004 SIAM international conference on Data-Mining, Orlando, Florida, S 391–399

Miglautsch J (2002) Application of RFM principles: what to do with 1-1-1 customer? J Database Mark 9(4):319–324

Olson DL, Chae B (2012) Direct marketing decision support through predictive customer response modeling. Decis Support Syst 54(1):443–451

Olson DL, Cao Q, Gu C, Lee D-H (2009) Comparison of customer response models. Serv Bus 3(2):117–130

Yang ZX (2004) How to develop new approaches to RFM segmentation. J Target Measur Anal Mark 13(1):50–60

Kapitel 5
Assoziationsregeln

Zusammenfassung Die Assoziationsanalyse bezeichnet die Suche nach Korrelationen zwischen gemeinsam auftretenden Dingen. Der Zweck einer Assoziationsanalyse besteht also darin, Items z. B. einzelne Artikel eines Warenkorbs zu ermitteln, die das Auftreten anderer Waren innerhalb einer Transaktion implizieren.

Mit Assoziationsregeln wird versucht, Kombinationen von Dingen zu ermitteln, die häufig zusammen auftreten (**Affinitätsanalyse**). Dies ist auch die Grundlage der Warenkorbanalyse, die wir im Zusammenhang mit der Korrelation und dem Jaccard-Verhältnis erörtert haben. Assoziationsregeln gehen noch einen Schritt weiter, indem sie eine Form des maschinellen Lernens anwenden, von denen der Apriori-Algorithmus der häufigste ist.

Mit Assoziationsregeln wird versucht, Kombinationen von Dingen zu ermitteln, die häufig zusammen auftreten (**Affinitätsanalyse**). Dies ist auch die Grundlage der Warenkorbanalyse, die wir im Zusammenhang mit der Korrelation und dem Jaccard-Verhältnis erörtert haben. Assoziationsregeln gehen noch einen Schritt weiter, indem sie eine Form des maschinellen Lernens anwenden, von denen der Apriori-Algorithmus der häufigste ist.

Assoziationsregeln können Informationen liefern, die für Einzelhändler in vielerlei Hinsicht nützlich sind:

- Identifizierung von Produkten, die zusammen platziert werden können, wenn Kunden, die sich für das eine interessieren, sich wahrscheinlich auch für das andere interessieren
- Ansprache der Kunden durch Kampagnen (Gutscheine, Mailings, E-Mails usw.), um sie zur Erweiterung der gekauften Produkte zu bewegen
- Im Online-Marketing die Empfehlungsmaschinen antreiben.

D. L. Olson, G. Lauhoff, *Deskriptives Data-Mining*,
https://doi.org/10.1007/978-3-031-21274-1_5

Außerhalb des Einzelhandels gibt es weitere Verwendungsmöglichkeiten für Assoziationsregeln. Es gibt viele Verwendungszwecke für Assoziationsregeln. Klassischerweise wurden sie auf die Analyse von Einzelhandelstransaktionen angewandt, ähnlich wie bei der Warenkorbanalyse. Mit dem Aufkommen von Big Data ist die Fähigkeit, Assoziationsregeln auf Echtzeitdatenströme anzuwenden, sehr nützlich und ermöglicht ein umfangreiches Web Mining für viele Anwendungen, einschließlich des Einzelhandels im E-Business. Das Mining von Assoziationsregeln ist eine der am häufigsten verwendeten Data-Mining-Techniken. Sie kann für zielgerichtetes Marketing nach Kundenprofilen und für die Strategie der Raumaufteilung in Geschäften eingesetzt werden, aber auch für Geschäftsanwendungen wie den internationalen Handel und Börsenprognosen. In der Wissenschaft wurden Fernerkundungsdaten analysiert, um die Präzisionslandwirtschaft und die Entdeckung von Ressourcen (einschließlich Öl) zu unterstützen. In der Fertigung wurden sie zur Analyse der Ausbeute bei der Halbleiterherstellung eingesetzt. Sie wurden eingesetzt, um die Effizienz der Paketweiterleitung in Computernetzen zu verbessern. In der Medizin wurde es zur Diagnose von Krankheiten eingesetzt. Sie könnten auch in der Personalverwaltung und anderen Bereichen eingesetzt werden, in denen die Verknüpfung von Verhalten und Ergebnissen von Interesse ist (Aguinis et al. 2013).

Methodik

Assoziationsregeln befassen sich mit **Items**, also den Objekten von Interesse. Im Fall der Pseudo-Amazon-Daten, die im vorherigen Kapitel verwendet wurden, wären dies die vermarkteten Produkte. Assoziationsregeln gruppieren Elemente in Mengen, die Gruppen von Elementen darstellen, die dazu neigen, gemeinsam aufzutreten (ein Beispiel ist eine Transaktion). Regeln haben die Form eines Item-Sets auf der linken Seite (Antezedens) mit einer Konsequenz auf der rechten Seite. Wenn ein Kunde beispielsweise ein E-Book kauft, deutet die Korrelation auf eine hohe Wahrscheinlichkeit hin, dass er auch ein Taschenbuch kauft.

Eine Einschränkung der Assoziationsregelanalyse ist die enorme Anzahl von Kombinationen. Außerdem enthalten die Daten viele Nulleinträge. Die Software kommt damit recht gut zurecht, aber es führt dazu, dass interessante Regeln unter vielen bedeutungslosen negativen Beziehungen begraben werden. Unsere Korrelations- und Jaccard-Analyse aus dem Kapitel über den Warenkorb ergab, dass der Pseudo-Amazon-Datensatz von E-Books, Hardcover und Taschenbüchern dominiert wird. Tab. 5.1 enthält die Anzahl der Transaktionen für acht Kombinationen dieser drei Buchprodukte.

Insgesamt wurden 619 E-Books, 493 gebundene Bücher und 497 Taschenbücher verkauft. Es gibt 12 Paare dieser drei Variablen plus 8 Tripletts. Es gibt 48 Regeln mit nur einem Antezedens, plus weitere 24 mit zwei Antezedens, was 72 mögliche Regeln ergibt. Eine Beispielregel könnte lauten:

Tab. 5.1 Pseudo-Amazon-Tabelle

E-Books	Hardcover Buch	Taschenbuch	Anzahl
Ja	Ja	Ja	419
Ja	Ja	Nein	56
Ja	Nein	Ja	64
Ja	Nein	Nein	80
Nein	Ja	Ja	7
Nein	Ja	Nein	11
Nein	Nein	Ja	7
Nein	Nein	Nein	356

$$IF\{\text{ebook}\}\,\text{THEN}\,\{\text{Taschenbuch}\}$$

Dies kann auf mehrere Bedingungen ausgedehnt werden:

$$\text{IF}\{\text{ebook \& Hardcover Buch}\}\,\text{THEN}\,\{\text{Taschenbuch}\}$$

Es gibt Maßstäbe, die für Regeln von Interesse sind. Die **Unterstützung** eines Artikels oder Artikelsets ist der Anteil der Transaktionen, die dieses Artikelset enthalten. Im Pseudo-Amazon-Datensatz gibt es 619 von 1000 Fällen, in denen ein E-Book gekauft wurde. Die Unterstützung beträgt also 0,619. Regeln haben Konfidenzmaße, die so definiert sind, dass die Konsequenz eintritt, wenn die Voranname vorhanden ist. Die Konfidenz gibt also die Wahrscheinlichkeit an, dass Taschenbücher gekauft werden, wenn im obigen Beispiel E-Books gekauft wurden. Von den 619 Kunden, die ein oder mehrere E-Books gekauft haben, haben 483 auch ein oder mehrere Taschenbücher gekauft. Somit beträgt die Wahrscheinlichkeit in diesem Fall 483/619 = 0,780. Die **Aufhebung** einer Regel ist im Grunde die gleiche wie im Kapitel über Marktkörbe beschrieben, obwohl die Formeln, die für den Kontext von Assoziationsregeln angegeben werden, auf den ersten Blick etwas anders aussehen. Die herkömmliche Formel ist support{antecedent & consequent) geteilt durch den support des antecedent mal den support des consequent. Dies ist gleichbedeutend mit der Konfidenz der Regel geteilt durch (Unterstützung der Konsequenz). Bei der obigen Regel für E-Books und Taschenbücher wäre dies 0,780 geteilt durch die durchschnittliche Neigung der Kunden, die Taschenbücher kaufen (497/1000), was einen Lift von 1,57 ergibt. Die meisten Quellen geben den Lift als Unterstützung für die Regel geteilt durch (die unabhängige Unterstützung des Vorgängers mal die unabhängige Unterstützung des Nachfolgers) an, oder in diesem Fall (483/1000)/[(619/1000 × 497/1000] ebenfalls gleich 1,57. Eine flüchtige Betrachtung erklärt dies natürlich, da die Unterstützung für die Regel 483/619 = 0,780 beträgt. Die Benutzer des Algorithmus können Mindestunterstützung und Konfidenzniveau festlegen. **Häufige Mengen** sind solche, bei denen die Unterstützung für den Vorgänger mindestens so groß ist wie das minimale Unterstützungsniveau. **Starke Mengen** sind häufig und haben eine Konfidenz, die mindestens so groß ist wie das minimale Konfidenzniveau.

Der Apriori-Algorithmus

Der Apriori-Algorithmus geht auf Agrawal et al. (1993) zurück, die ihn auf Warenkorbdaten anwandten, um Assoziationsregeln zu erstellen. Assoziationsregeln werden in der Regel auf binäre Daten angewandt, was zu dem Kontext passt, dass Kunden bestimmte Produkte entweder kaufen oder nicht kaufen. Der Apriori-Algorithmus arbeitet, indem er systematisch Kombinationen von Variablen in Betracht zieht und sie nach dem Ermessen des Benutzers entweder nach Support, Konfidenz oder Lift einstuft.

Der Apriori-Algorithmus findet alle Regeln, die die Mindestanforderungen an Konfidenz und Unterstützung (Support) erfüllen.

Zunächst wird die Menge der häufigen 1-Itemsets identifiziert, indem die Zahl der verschiedenen Güter gezählt wird.

Als nächstes werden 2-Itemsets identifiziert, wobei eine gewisse Effizienz dadurch erzielt wird, dass ein nicht häufiges 1-Itemset nicht Teil eines häufigen Itemsets größerer Dimension sein kann. Dies setzt sich bei größer dimensionierten Itemsets fort, bis sie Null werden. Wie groß der Aufwand ist, zeigt sich daran, dass für jede Dimension von Itemsets ein vollständiger Scan der Datenbank erforderlich ist. Der Algorithmus lautet:

Zur Ermittlung der Kandidatenmenge C_k der Größe k

- Identifizieren Sie häufige Einträge L_1

  Für $k = 1$ alle Itemsets mit Support ≥ Support erzeugen$_{min}$
  Wenn itemsets null, STOP

    Erhöhen von k um 1
    Für Itemsets der Größe k identifizieren alle mit Support ≥ Support$_{min}$

  ENDE

- Rückgabe der Liste der häufigen Artikelmengen
- Regeln in Form von Antezedenten (antecedents) und Konsekutiven (consequents) aus den häufigen Items identifizieren
- Prüfen Sie das Vertrauen in diese Regeln.

  Wenn die Konfidenz einer Regel der Konfidenz$_{min}$ entspricht, markieren Sie diese Regel als stark.

Die Ergebnisse des Apriori-Algorithmus können als Grundlage für die Empfehlung von Regeln verwendet werden, wobei Faktoren wie Korrelation oder die Analyse anderer Techniken aus einem Trainingssatz von Daten berücksichtigt werden. Diese Informationen können auf vielfältige Weise genutzt werden, z. B. im Einzelhandel, wo eine Regel, die darauf hinweist, dass der Kunde das Vorgängermodell gekauft hat, ohne das Nachfolgemodell zu kaufen, den Kauf des Nachfolgemodells nahelegen könnte.

Der Apriori-Algorithmus kann viele häufige Itemsets erzeugen. Assoziationsregeln können generiert werden, indem nur häufige Itemsets betrachtet werden, die stark sind, in dem Sinne, dass sie sowohl die Mindestunterstützung als auch das Mindestkonfidenzniveau erfüllen oder überschreiten. Es ist zu beachten, dass dies nicht unbedingt bedeutet, dass eine solche Regel nützlich ist, dass sie eine hohe Korrelation bedeutet oder dass sie einen Kausalitätsnachweis enthält. Ein gutes Merkmal ist jedoch, dass man Computer loslassen kann, um sie zu identifizieren (ein Beispiel für maschinelles Lernen).

Um dies anhand der Daten aus Tab. 5.1 zu demonstrieren, legen Sie Unterstützung$_{min}$ = 0,4 und Konfidenz$_{min}$ = 0,5 fest:

- L_1 = Ebooks (Unterstützung 0,619), Taschenbücher (Unterstützung 0,497) und Hardcover (Unterstützung 0,493); noHardbacks (Unterstützung 0,507), keine Taschenbücher (Unterstützung 0,503).

  Das Element noEbooks schlägt fehl, weil seine Unterstützung von 0,381 unter der Unterstützung$_{min}$ liegt.
- L_2 = Ebooks & Hardbacks (Unterstützung 0,475), Ebooks & Paperbacks (Unterstützung 0,483), Hardbacks & Paperbacks (Unterstützung 0,426), und noHardbacks & noPaperbacks (Unterstützung 0,436).

  Itemsets Ebooks & noHardbacks scheitern mit einer Unterstützung von 0,144, Ebooks & noPaperbacks mit einer Unterstützung von 0,136, Hardbacks & noPaperbacks mit einer Unterstützung von 0,067, Paperbacks & noEbooks mit einer Unterstützung von 0,014, Paperbacks & noHardbacks mit einer Unterstützung von 0,071, noEbooks & noPaperbacks mit einer Unterstützung von 0,367.
- L_3 = Ebooks & Hardbacks & Paperbacks (Unterstützung 0,419).

  Die Itemsets Ebooks & Hardbacks & noPaperbacks scheitern mit einer Unterstützung von 0,056, Ebooks & Paperbacks & noHardbacks mit einer Unterstützung von 0,064, und Hardbacks & Paperbacks & Ebooks mit einer Unterstützung von 0,007.
- Es gibt keine vier Elemente, also ist L_4 null.
- Identifizieren Sie Regeln aus häufigen Einträgen:

E-Books → Gebundene Bücher	Konfidenz 0,767
E-Books → Taschenbücher	Zuversicht 0,780
Gebundene Bücher → E-Books	Zuversicht 0,963
Gebundene Bücher → Taschenbücher	Konfidenz 0,850
Taschenbücher → E-Books	Konfidenz 0,972
Paperbacks → Hardbacks	Konfidenz 0,843
noHardbacks → noPaperbacks	Konfidenz 0,860
noPaperbacks → noHardbacks	Konfidenz 0,867
E-Books und gebundene Bücher → Taschenbücher	Zuversicht 0,882
E-Books & Taschenbücher → Gebundene Bücher	Konfidenz 0,886
Gebundene Bücher und Taschenbücher → E-Books	Konfidenz 0,984

Alle anderen Kombinationen von häufigen Elementen in L_3 haben den Test der minimalen Unterstützung nicht bestanden.

Diese Regeln müssten nun, möglicherweise subjektiv von den Nutzern, auf ihre Interessantheit hin bewertet werden. Hier liegt der Schwerpunkt auf den Fällen, in denen ein Kunde, der eine bestimmte Art von Buch kauft, nach diesen Daten wahrscheinlich auch die andere Art von Büchern kaufen wird. Ein weiteres Indiz ist, dass ein Kunde, der noch nie ein Taschenbuch gekauft hat, wahrscheinlich auch kein gebundenes Buch kaufen wird und umgekehrt.

Assoziationsregeln mit Computerprogrammen finden

Das Program „R" ermöglicht die Einstellung von Unterstützungs- und Konfidenzniveaus sowie der Mindestlänge der Regel. Es hat auch andere Optionen. Im Folgenden werden wir Support und Confidence (sowie Lift, eine Option zur Sortierung der Ausgabe) einstellen. Unsere Pseudo-Amazon-Datenbank hat 1000 Kundeneinträge (die wir als Transaktionen behandeln). Die Daten müssen in eine Form gebracht werden, die die Software lesen kann. In Rattle erfordert dies, dass die Daten kategorisch und nicht numerisch sind. Die generierten Regeln sind positive Fälle (WENN Sie Windeln kaufen, DANN werden Sie wahrscheinlich Babypuder kaufen) und negative Fälle werden ignoriert (WENN Sie **keine** Windeln gekauft haben, DANN werden Sie wahrscheinlich irgendetwas tun). Wenn Sie die negativen Fälle untersuchen möchten, müssen Sie die leeren Fälle in Nein umwandeln. Hier werden wir den positiven Fall demonstrieren.

Bei der Suche nach Assoziationsregeln werden alle Regeln gesucht, die bestimmte Mindestanforderungen erfüllen. Assoziationsregeln in R und WEKA erfordern nominale Daten, ein Auszug davon ist in Tab. 5.2 dargestellt.

Der Assoziationsregel-Bildschirm von R ist in Abb. 5.1 dargestellt.

Die Auswahl der in Abb. 5.1 angegebenen Optionen führt zu neun Regeln nach Execute (siehe Abb. 5.2).

Dies zeigt, dass neun Regeln generiert werden (siehe Abb. 5.4). Die Mindestunterstützung (Support) und das Mindestvertrauen (Confidence) steuern die Anzahl der Regeln. Da die Mindestunterstützung im Datensatz 0,419 und die Mindestkonfidenz 0,7552 beträgt, sollte man bis zu diesen Werten neun Regeln erhalten, was auch der Fall ist (siehe Abb. 5.3).

Die neun generierten Regeln sind in Abb. 5.4 dargestellt.

Tab. 5.2 Auszug aus dem vollständigen Pseudo-Amazon-Datensatz

Auto	Baby	Ebooks	Hartcover Buch	Taschenbuch	Musik	Geschenkkarte
		Ja				
		Ja				
	Ja					
		Ja		Ja		
		Ja			Ja	
		Ja				

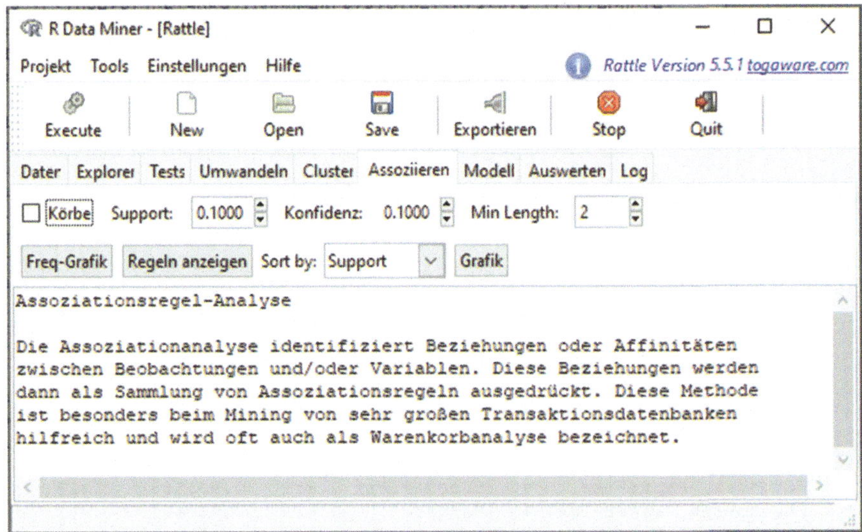

Abb. 5.1 Bildschirm der Registerkarte „Assoziationsregel" von der Software Rattle

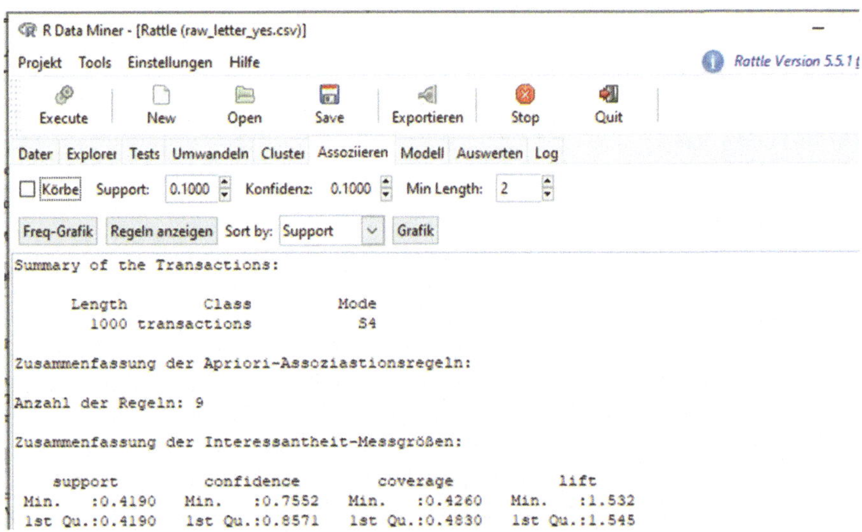

Abb. 5.2 Bildschirmansicht der Assoziationsregeln der Software Rattle

Die Ausführung von Assoziationsregeln in WEKA oder R bedeutet, dass der Computer eine enorme Anzahl kombinatorischer Berechnungen durchführen muss. Darin sind die Programme ziemlich gut. Die Software R ermöglicht es den Benutzern, die Mindestunterstützung und die Konfidenz festzulegen (und im Fall von WEKA sogar die maximale Anzahl von Regeln). Die Auswirkungen verschiedener Unterstützungsniveaus sind in Tab. 5.3 angegeben, in der die Mittelwerte für

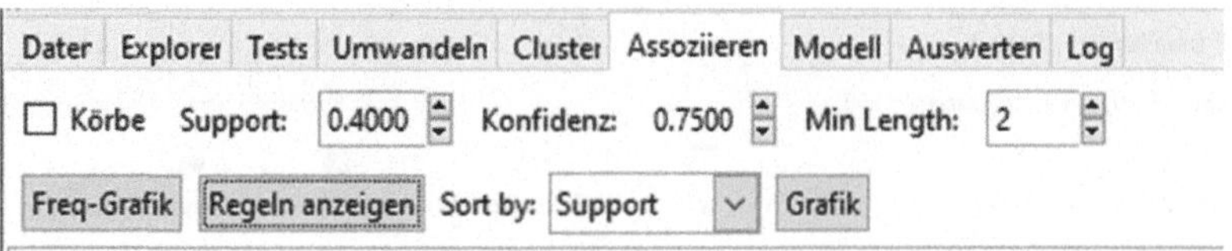

Abb. 5.3 Unterstützung (Support) und Vertrauen (Confidence) einstellen

```
All Rules

    lhs                           rhs             support confidence coverage
[1] {Paper=Yes}                => {EBooks=Yes} 0.483   0.9718310  0.497
[2] {EBooks=Yes}               => {Paper=Yes}  0.483   0.7678855  0.629
[3] {Hard=Yes}                 => {EBooks=Yes} 0.475   0.9634888  0.493
[4] {EBooks=Yes}               => {Hard=Yes}   0.475   0.7551669  0.629
[5] {Paper=Yes}                => {Hard=Yes}   0.426   0.8571429  0.497
[6] {Hard=Yes}                 => {Paper=Yes}  0.426   0.8640974  0.493
[7] {Hard=Yes, Paper=Yes}      => {EBooks=Yes} 0.419   0.9835681  0.426
[8] {EBooks=Yes, Paper=Yes}    => {Hard=Yes}   0.419   0.8674948  0.483
[9] {EBooks=Yes, Hard=Yes}     => {Paper=Yes}  0.419   0.8821053  0.475
    lift     count
[1] 1.545041 483
[2] 1.545041 483
[3] 1.531779 475
[4] 1.531779 475
[5] 1.738626 426
[6] 1.738626 426
[7] 1.563701 419
[8] 1.759624 419
[9] 1.774860 419
```

Abb. 5.4 Rattlesoftware Assoziationsregeln

Unterstützung, Konfidenz und Lift zusammen mit der Anzahl der erhaltenen Regeln aufgeführt sind.

Um zu zeigen, was vor sich geht, konzentrieren wir uns auf nur drei dieser Variablen: Ebooks, Hardcover (Festgebundenes Buch) und Paperbacks (Taschenbuch). Tab. 5.4 zeigt die von R generierten Assoziationsregeln, sortiert nach Lift.

Was sind die Auswirkungen? Für diese Daten ergibt die Gruppierung von EBooks, Hardcover-Büchern und Taschenbüchern den größten Auftrieb (Lift).

WEKA (und fast alle anderen Data-Mining-Programme) unterstützen auch die Suche nach Assoziationsregeln. WEKA ermöglicht eine Reihe von Metriken zur Bewertung von Assoziationsregeln. Konfidenz ist der Anteil der von der Prämisse abgedeckten Beispiele, die auch von der Konsequenz abgedeckt werden (Assoziationsregeln der Klasse können nur anhand der Konfidenz ermittelt werden). Lift ist Konfidenz geteilt durch den Anteil aller Beispiele, die von der Konsequenz abgedeckt werden. Dies ist ein Maß für die Wichtigkeit der Assoziation, das unabhängig vom Support ist. Leverage ist der Anteil der zusätzlichen Beispiele, die sowohl von der Prämisse als auch von der Konsequenz abgedeckt werden, und zwar über den Anteil hinaus, der erwartet würde, wenn Prämisse und Konsequenz

Tab. 5.3 Regeln, die sich aus der angegebenen Unterstützungsstufe ergeben

Spezifizierte Unterstützung	Angegebenes Vertrauen	Min. Länge	Unterstützung erhalten	Erlangte Zuversicht	Auftrieb (Lift)
0,1	0,1	1	0,4186	0,7552	1,532
0,1	0,1	2	0,4186	0,7552	1,532
0,4	0,75	2	0,4186	0,7552	1,532
0,46	0,75	2	0,475	0,7552	1,532
0,48	0,75	2	0,483	0,77	1,545
0,48	0,77				

Tab. 5.4 R Assoziationsregeln

ID	Vorangegangene	Folgerichtig	Unterstützung	Vertrauen	Auftrieb	Anzahl
1	EBooks, Hardcover	Taschenbuch	0,42	0,88	1,77	419
2	EBooks, Papier	Hardcover	0,42	0,87	1,76	419
3	Hardcover	Taschenbuch	0,43	0,86	1,74	426
4	Taschenbuch	Hardcover	0,43	0,86	1,74	426
5	Hardcover, Taschenbuch	EBooks	0,42	0,98	1,56	419
6	Taschenbuch	EBooks	0,48	0,97	1,55	483
7	EBooks	Taschenbuch	0,48	0,77	1,55	483
8	EBooks	Hardcover	0,48	0,76	1,53	475
9	Hardcover	EBooks	0,48	0,96	1,53	475
10	{}	Software	0,11	0,11	1	111
11	{}	Spielzeug	0,11	0,11	1	112
12	{}	Filme	0,13	0,13	1	132
13	{}	Musik	0,12	0,12	1	118
14	{}	Taschenbuch	0,50	0,50	1	497
15	{}	Hardcover	0,49	0,49	1	493
16	{}	EBooks	0,63	0,63	1	629

unabhängig voneinander wären. Die Gesamtzahl der Beispiele, für die dies gilt, wird in Klammern hinter der Hebelwirkung angegeben. Die Überzeugung ist ein weiteres Maß für die Abweichung von der Unabhängigkeit. Die Überzeugung ist gegeben durch:

$$\left[1-\text{Support}\left(\text{consequent}\right)\right]/\left[1-\text{Confidence}\left(\text{IF antecedent THEN consequent}\right)\right]$$

Dies ist das Verhältnis der Wahrscheinlichkeit, dass das Antezedens ohne das Konsekutivem auftritt, geteilt durch die beobachtete Häufigkeit der falschen Fälle. Der WEKA-Bildschirm ist in Abb. 5.5 dargestellt.

Die Korrelation ergab den stärksten Zusammenhang zwischen dem Kauf von Hardcover-Büchern und Taschenbüchern. R stufte die Regeln, die diese beiden Optionen kombinierten, auf der Grundlage des Auftriebs auf Platz 11, 12, 13 und 14

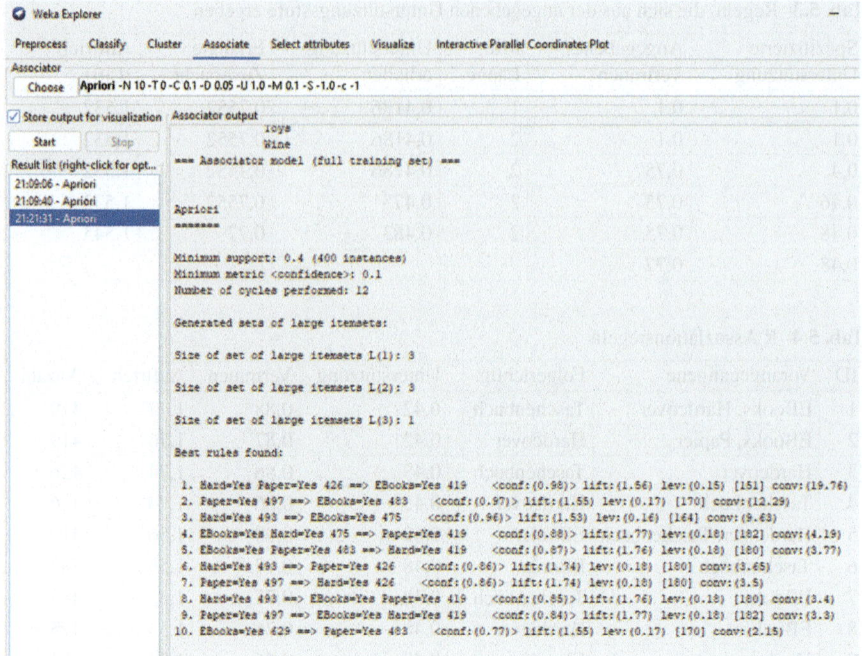

Abb. 5.5 WEKA-Assoziationsregel-Ausgabe für die Top 10 nach Konfidenz

ein. WEKA stufte diese Kombinationen in Abb. 5.2 auf der Grundlage der Konfidenz auf die Plätze 6, 7, 8 und 9 ein. Der stärkste Jaccard-Koeffizient wurde zwischen Ebooks und Taschenbüchern gefunden. R (basierend auf Lift) stufte diese auf 1, 2, 12 und 13 ein, während WEKA (basierend auf Konfidenz) eine Kombination auf Platz 2 in Abb. 5.2 einstufte. Der Punkt ist, dass es viele Optionen gibt, um zu messen, welche Dinge zusammengehören, und dass verschiedene Metriken unterschiedliche Ergebnisse liefern werden.

Nichtnegative Matrizen Faktorisierung

Es gibt fortgeschrittene Methoden für die Erstellung von Assoziationsregeln. Die nicht-negative Matrix Faktorisierung (NMF) wurde von Lee und Seung (1999) als ein Mittel zur Unterscheidung von Datenteilen für die Gesichtserkennung und die Textanalyse vorgeschlagen. Die Hauptkomponentenanalyse und die Vektorquantisierung lernen ganzheitlich, anstatt die Daten in Teile zu zerlegen. Diese Methoden konstruieren Faktorisierungen der Daten. Wenn es beispielsweise eine Menge von Kunden N und eine Menge von Produkten M gibt, kann eine Matrix V gebildet werden, bei der jede Zeile von V einen Warenkorb mit einem Kunden darstellt, der Produkte kauft. Dieser kann in Einheiten oder in Dollar gemessen werden. Mit

Assoziationsregeln wird versucht, Verhältnisregeln zu ermitteln, die die häufigsten Paarungen identifizieren. Assoziationsregelmethoden, sei es die Hauptkomponentenanalyse oder andere Formen der Vektorquantisierung, minimieren die Unähnlichkeit zwischen Vektorelementen. Hauptkomponenten lassen negative Assoziationen zu, was im Kontext von Warenkörben nicht sinnvoll ist. Die NMF erlegt solchen Algorithmen Nicht-Negativitätsbeschränkungen auf.

Schlussfolgerung

Assoziationsregeln sind insofern sehr nützlich, als sie einen Mechanismus des maschinellen Lernens zur Bewältigung der explosionsartigen Zunahme von Big Data bieten. Dies kann, wie bei jeder Data-Mining-Anwendung, zum Guten oder zum Schlechten sein. Automatische Echtzeit-Handelsalgorithmen haben zum Beispiel auf den Aktienmärkten Schaden angerichtet. Sie sind jedoch nicht nur für die Analyse im Einzelhandel von großem Wert (um Kunden besser bedienen zu können), sondern auch in der Medizin zur Unterstützung von Diagnosen, in der Landwirtschaft und in der Produktion, um effizientere Abläufe vorzuschlagen, und in der Wissenschaft, um erwartete Beziehungen in komplexen Umgebungen zu ermitteln.

Die Implementierung von Assoziationsregeln erfolgt in der Regel durch den Apriori-Algorithmus, obwohl auch hier Verfeinerungen entwickelt wurden. Dies erfordert Software für die Implementierung, obwohl diese in den meisten kommerziellen oder quelloffenen Data-Mining-Tools verfügbar ist. Das größte Problem bei Assoziationsregeln scheint das Sortieren der Ergebnisse zu sein, um interessante Ergebnisse zu finden.

Literatur

Agrawal R, Imieliński T, Swami A (1993) Mining association rules between sets of items in large databases. In: Buneman P, Jajodia S (Hrsg) Proceedings of the 1993 ACM SIGMOD international conference on management of data. Association for Computing Machinery, New York, S 207–216

Aguinis H, Forcum LE, Joo H (2013) Using market basket analysis in management research. J Manag 39(7):1799–1824

Lee DD, Seung HS (1999) Learning the parts of objects by non-negative matrix factorization. Nature 401:788–791

Kapitel 6
Cluster-Analyse

Zusammenfassung Dieses Kapitel behandelt eine Reihe von Aspekten der Clusteranalyse. Zunächst wird das Clustering von Hand anhand von standardisierten Daten vorgestellt. Damit soll gezeigt werden, wie grundlegende Algorithmen funktionieren. Der zweite Abschnitt zeigt, wie die Software mit diesen standardisierten Daten arbeitet. Im dritten Abschnitt wird die Clusteranalyse von Daten demonstriert, die keine Standardisierung erfordern. Wenn Sie sich nicht dafür interessieren, was Computer tun, können Sie mit diesem Abschnitt fortfahren.

Dieses Kapitel behandelt eine Reihe von Aspekten der Clusteranalyse. Zunächst wird das Clustering von Hand anhand von standardisierten Daten vorgestellt. Damit soll gezeigt werden, wie grundlegende Algorithmen funktionieren. Der zweite Abschnitt zeigt, wie die Software mit diesen standardisierten Daten arbeitet. Im dritten Abschnitt wird die Clusteranalyse von Daten demonstriert, die keine Standardisierung erfordern. Wenn Sie sich nicht dafür interessieren, was Computer tun, können Sie mit diesem Abschnitt fortfahren.

Die Clusteranalyse wird in der Regel als anfängliches Analysewerkzeug verwendet, das Data-Mining-Analysten die Möglichkeit gibt, allgemeine Gruppierungen in den Daten zu erkennen. Sie folgt oft auf die anfängliche grafische Darstellung der Daten und bietet ein numerisches Mittel zur Beschreibung der zugrunde liegenden Muster. Dazu kann auch die Identifizierung von Mustern gehören. Die Clusteranalyse ist also eine Art von Modell, das jedoch in der Regel im Prozess des Datenverständnisses angewendet wird.

Beim Clustering geht es um die Identifizierung von Gruppen von Beobachtungen, die über Variablen gemessen werden. Hier unterscheiden wir zwischen der Diskriminanzanalyse (bei der die Gruppen als Teil der Daten gegeben sind und es darum geht, die Gruppenzugehörigkeit vorherzusagen) und der Clusteranalyse (bei der die Cluster auf den Daten basieren und somit nicht vorher festgelegt sind und es darum geht, Elemente zu finden, die zusammengehören, anstatt die Gruppenzugehörigkeit vorherzusagen). Die Clusteranalyse ist eine nicht überwachte Technik, bei

D. L. Olson, G. Lauhoff, *Deskriptives Data-Mining*,
https://doi.org/10.1007/978-3-031-21274-1_6

der die Daten ohne Bezug auf eine Ergebnisvariable untersucht werden. (Sie können Ergebnisvariablen in die Clusteranalyse einbeziehen, aber sie werden wie jede andere Variable behandelt und spielen keine Rolle bei der Ausrichtung der Suche.) Es handelt sich also um ein Beispiel für maschinelles Lernen, bei dem der Wert von Clustermodellen in ihrer Fähigkeit liegt, interessante Datengruppierungen zu erfassen. Die Technik erfordert einen ausreichend großen Datensatz, um statistische Signifikanz zu erzielen, leidet aber auch unter dem Fluch der Dimensionalität, denn je mehr Variablen und Werte diese Variablen annehmen können, desto schwieriger wird die Rechenaufgabe. Ein typischer Anwendungsfall ist die anfängliche Anwendung von Clustermodellen zur Identifizierung von Datensegmenten, die in nachfolgenden Vorhersageanalysen verwendet werden. Es gibt eine Reihe von Techniken, die für die Clusteranalyse verwendet werden.

K-Means-Clustering

Bei der allgemeinsten Form der Clustering-Analyse kann der Algorithmus die Anzahl der Cluster selbst bestimmen. Im anderen Extremfall kann die Anzahl der Cluster im Voraus festgelegt werden. Die Partitionierung wird verwendet, um neue kategoriale Variablen zu definieren, die die Daten in eine feste Anzahl von Regionen unterteilen (z. B. k-means Clustering). Eine gängige Praxis ist die Anwendung der Faktorenanalyse als Vorverarbeitungstechnik, um eine vernünftige Vorstellung von der Anzahl der Cluster zu erhalten und den Managern einen Überblick darüber zu geben, welche Arten von Elementen zusammengehören. Bei einer gegebenen Anzahl (k) von Zentren werden die Datenbeobachtungen demjenigen Zentrum zugeordnet, das den geringsten Abstand zur Beobachtung aufweist. Es stehen verschiedene Abstandsmaße zur Verfügung, obwohl üblicherweise der Schwerpunkt (ein Schwerpunkt hat den Durchschnittswert – Mittelwert, Median usw. – für jede Variable) jedes Clusters als Zentrum verwendet wird und der quadratische Abstand (oder eine andere Metrik) minimiert wird. Dies ist die am häufigsten verwendete Form der Clusteranalyse im Data-Mining.

Die Clusteranalyse wurde von Data Minern zur Segmentierung von Kunden eingesetzt, so dass Kundendienstmitarbeiter jedes Segment individuell behandeln können. Damit Clustering-Algorithmen funktionieren, müssen die Daten numerisch sein. Wir werden Methoden mit standardisierten Daten (von 0 bis 1) demonstrieren, da die Metriken durch unterschiedliche Messskalen verzerrt werden. Bei Software ist dies nicht notwendig, da die meisten Datenanalyseprogramme dies für Sie im Algorithmus erledigen.

Ein Clustering-Algorithmus

Im Folgenden wird ein einfacher k-means-Algorithmus vorgestellt (Johnson und Wichern 1998):

- Wählen Sie die gewünschte Anzahl von Clustern k (oder iterieren Sie von 2 bis zur maximalen Anzahl von Clustern).
- Wählen Sie k Anfangsbeobachtungen als Seeds (können beliebig sein, aber der Algorithmus würde besser funktionieren, wenn diese Seed-Werte so weit wie möglich auseinander liegen).
- Berechnen Sie die durchschnittlichen Clusterwerte für jede Variable (für die erste Iteration sind dies einfach die anfänglichen Seed-Beobachtungen).
- Ordnen Sie jede der anderen Trainingsbeobachtungen dem nächstgelegenen Cluster zu, gemessen am quadratischen Abstand (es können auch andere Metriken verwendet werden, aber der quadratische Abstand ist üblich).
- Berechnen Sie die Cluster-Durchschnittswerte auf der Grundlage der Zuordnungen aus Schritt 4 neu.
- Iterieren Sie zwischen den Schritten 4 und 5, bis Sie zweimal hintereinander dieselbe Menge an Zuweisungen erhalten.

Beachten Sie, dass dieser Algorithmus nicht garantiert, dass das Ergebnis unabhängig von den ursprünglichen Seeds gleich ist. Es handelt sich jedoch um ein relativ geradliniges Verfahren. Das Problem der Bestimmung von k kann gelöst werden, indem man das Verfahren für 2 Cluster, dann für 3 und so weiter anwendet, bis die maximal gewünschte Anzahl von Clustern erreicht ist. Die Auswahl zwischen diesen Alternativen ist in einigen Fällen relativ offensichtlich, kann aber in anderen Fällen eine Quelle der Unsicherheit sein.

Das k-means Clustering hat einige Nachteile. Die Daten müssen in eine standardisierte Form gebracht werden, um die Unterschiede in der Skala zu beseitigen. Aber auch bei diesem Ansatz wird davon ausgegangen, dass alle Variablen gleich wichtig sind. Wenn einige Variablen wichtiger sind als andere, können bei der Abstandsberechnung Gewichte verwendet werden, aber die Bestimmung dieser Gewichte ist eine weitere Quelle der Unsicherheit.

Darlehensdaten

Dieser Datensatz besteht aus Informationen über Antragsteller für Haushaltsgerätekredite und wurde in Kap. 2 zur Demonstration der Visualisierung verwendet. Wir werden den Darlehensantragsdatensatz verwenden, um die Clustering-Software zu demonstrieren. Der Geschäftszweck besteht darin, die Art von Kreditantragstellern zu identifizieren, bei denen die Wahrscheinlichkeit von Rückzahlungsproblemen am geringsten ist. In diesem Datensatz ist ein Ergebnis von Pünktlich gut und Verspätet schlecht. Abstandsmetriken sind ein wichtiger Aspekt der Clusteranalyse, da sie Algorithmen steuern und unterschiedliche Skalen für Variablenwerte zu unterschiedlichen Ergebnissen führen. Zur Veranschaulichung der Funktionsweise von Clustern werden wir die Daten daher umwandeln. Wir werden 400 der Beobachtungen für die Clusteranalyse verwenden. Die Transformation der Daten in eine standardisierte Form (zwischen 0 und 1) wird wie folgt durchgeführt:

Alter	<20	0
	20–50	(Alter-20)/30
	50–80	1 – (Alter-50)/30
	>80	0
Einkommen	<0	0
	0 bis $100.000	Einkommen/100.000
	>$ 100.000	1
Risiko	Maximal 1, minimal 0	Vermögen/(Schulden + Bedarf) (höher ist besser)
Kredit	Grün	1
	Bernstein	0,3
	Rot	0

Die standardisierten Werte für die in Tab. 2.2 von Kap. 2 angegebenen Daten sind in Tab. 6.1 aufgeführt.

Wir teilen die Daten in 400 Trainingsfälle und 250 Testfälle auf und ermitteln einfach die durchschnittlichen Attributwerte für jedes gegebene Cluster. Wir beginnen damit, die 400 Trainingsfälle in die Kategorien „pünktlich" und „zu spät" einzuteilen und die durchschnittliche Leistung nach Variablen für jede Gruppe zu ermitteln.

Diese Durchschnittswerte sind in Tab. 6.2 aufgeführt.

Tab. 6.1 Standardisierte Kreditdaten

Alter	Einkommen	Risiko	Kredit	Pünktlich
0	0,17152	0,531767	1	1
0,1	0,25862	0,764475	1	1
0,266667	0,26169	0,903015	0.3	0
0,1	0,21117	0,694682	0	0
0,066667	0,07127	1	0,3	1
0,2	0,42083	0,856307	0	0
0,133333	0,55557	0,544163	1	1
0,233333	0,34843	0	0	1
0,3	0,74295	0,882104	0,3	1
0,1	0,38887	0,145463	1	1
0,266667	0,31758	1	1	1
0,166667	0,8018	0,449404	1	0
0,433333	0,40921	0,979941	0,3	0
0,533333	0,63124	1	1	1
0,633333	0,59006	1	1	1
0,633333	1	1	0,3	1
0,833333	0,80149	1	1	1
0,6	1	1	1	1
0,3	0,81723	1	1	1
0,566667	0,99522	1	1	1

Tab. 6.2 Durchschnittswerte der Gruppen-Standardpunktzahlen für Kreditantragsdaten

Cluster	Pünktlich	Alter	Einkommen	Risiko	Kredit
C1 (355 Fälle)	1	0,223	0,512	0,834	0,690
C2 (45 Fälle)	0	0,403	0,599	0,602	0,333

Cluster 1 umfasste Mitglieder, die tendenziell jünger waren und bessere Risikokennzahlen und Bonitätsbewertungen aufwiesen. Das Einkommen war bei beiden tendenziell gleich, obwohl die Mitglieder von Cluster 1 ein etwas geringeres Einkommen hatten.

In Schritt 3 des k-means-Algorithmus wird der gewöhnliche kleinste quadratische Abstand zu diesen Cluster-Durchschnittswerten berechnet. Diese Berechnung für Testfall 1 zu Cluster 1 unter Verwendung der standardisierten Werte für Alter, Einkommen, Risiko und Kreditwürdigkeit würde wie folgt aussehen:

$$(0{,}223-0{,}967)^2+(0{,}512-0{,}753)^2+(0{,}834-1)^2+(0{,}690-0)^2=1{,}115$$

Die Entfernung zu Cluster 2 beträgt:

$$(0{,}403-0{,}967)^2+(0{,}599-0{,}753)^2+(0{,}602-1)^2+(0{,}333-0)^2=0{,}611$$

Da der Abstand zu Cluster 2 (0,611) geringer ist als zu Cluster 1 (1,115), würde der Algorithmus Fall 1 dem Cluster 2 zuordnen.

Wenn es einen Grund für die Annahme gäbe, dass einige Variablen wichtiger sind als andere, könnten Sie bei den Abstandsberechnungen jeder Variablen Gewichte zuweisen. In diesem Fall gibt es eindeutig zwei interessante Klassen, so dass es bei zwei Clustern bleiben könnte. Im Prinzip können Sie jedoch so viele Cluster bilden, wie Sie möchten. Die grundlegende Abstandsberechnung ist die gleiche. Die genaue Analyse der Unterschiede in den Clustern hängt von der Kenntnis der zugrunde liegenden Daten ab.

In Software verwendete Clustering-Methoden

Die am weitesten verbreiteten Clustering-Methoden sind hierarchisches Clustering, Bayes'sches Clustering, K-means Clustering und selbstorganisierende Karten. Bei hierarchischen Clustering-Algorithmen muss die Anzahl der Cluster vor der Analyse nicht angegeben werden. Sie berücksichtigen jedoch auf jeder Stufe nur lokale Nachbarn und können überlappende Cluster nicht immer voneinander trennen. Die zweistufige Methode ist eine Form des hierarchischen Clustering. Beim zweistufigen Clustering werden die Daten zunächst in Subcluster komprimiert und dann mit einer statistischen Clustering-Methode zu größeren Clustern zusammengeführt, bis die gewünschte Anzahl von Clustern erreicht ist. Auf diese Weise erhält man die optimale Anzahl von Clustern für den Trainingssatz. Das Bayes'sche Clustering basiert ebenfalls auf statistischen Methoden. Das Bayes'sche Clustering basiert auf Wahrscheinlichkeiten. Es werden Bayes'sche Netzwerke konstruiert, wobei die

Knoten die Ergebnisse darstellen und die Entscheidungsbäume an jedem Knoten konstruiert werden. Beim K-Means-Clustering wird die Anzahl der Cluster erhöht, wie bereits erwähnt. Die Software ermöglicht es Ihnen, die Anzahl der Cluster in K-means zu bestimmen. Selbstorganisierende Karten verwenden neuronale Netze, um viele Dimensionen in eine kleine Anzahl (z. B. zwei) umzuwandeln, was den Vorteil hat, dass mögliche Datenfehler wie Rauschen (falsche Beziehungen), Ausreißer oder fehlende Werte eliminiert werden. K-means-Methoden wurden sowohl mit selbstorganisierenden Karten als auch mit genetischen Algorithmen kombiniert, um die Clustering-Leistung zu verbessern.

Bei K-Means-Algorithmen wird eine feste Anzahl von Clustern definiert und die Datensätze iterativ den Clustern zugewiesen. In jeder Iteration werden die Clusterzentren neu definiert. Die Neuzuweisung und Neuberechnung der Clusterzentren wird so lange fortgesetzt, bis die Änderungen unter einem bestimmten Schwellenwert liegen. Die zuvor in diesem Kapitel vorgestellten Methoden fallen in diese Klasse von Algorithmen.

Kohonen Self-Organizing Maps (SOM oder Kohonen-Netzwerke) sind neuronale Netze, die für die Clusterbildung eingesetzt werden. Eingangsbeobachtungen werden mit einer Reihe von Ausgangsschichten verbunden, wobei jede Verbindung eine Stärke (Gewicht) hat. Es wird ein allgemeiner vierstufiger Prozess angewandt (Kohonen 1997):

- **Karte initialisieren**: Es wird eine Karte mit initialisierten Referenzvektoren erstellt, und Algorithmusparameter wie Nachbarschaftsgröße und Lernrate werden festgelegt.
- **Bestimmen Sie den Gewinnerknoten**: Wählen Sie für jede Eingabebeobachtung den besten passenden Knoten aus, indem Sie den Abstand zu einem Eingabevektor minimieren. In der Regel wird die euklidische Norm verwendet.
- **Aktualisierung der Referenzvektoren**: Referenzvektoren und ihre Nachbarknoten werden auf der Grundlage der Lernregel aktualisiert.
- **Iterieren**: Zurück zu Schritt 2, bis die ausgewählte Anzahl von Epochen erreicht ist, wobei die Größe der Nachbarschaft angepasst wird.

Es werden kleine Karten (einige hundert Knoten oder weniger) empfohlen. Große Nachbarschaftsgrößen und Lernraten werden anfangs empfohlen, können aber verringert werden. Bei kleinen Karten haben sich diese Parameter als nicht so wichtig erwiesen. Es gibt eine Reihe von Varianten, darunter selbstorganisierende Baumkarten (Astudillo und Oommen 2011) und selbstorganisierende Zeitkarten (Sarlin 2013). Selbstorganisierende Karten sind ein nützliches Werkzeug für das maschinelle Lernen, das bei der Clusteranalyse eingesetzt wird.

Software

In Kap. 2 wurde Rattle vorgestellt, eine GUI-Schnittstelle für die offene Software R. Wir werden das Clustering mit den drei Datensätzen mithilfe der Software demonstrieren. R verfügt über vier Algorithmen – K-means, Ewkm (entropiegewichtetes K-means), Hierarchical und BiCluster. KNIME bietet acht Optionen, darunter K-means, K-medoids (Mediane), hierarchisch, selbstorganisierende Karten und Fuzzy C-means. WEKA bietet elf Algorithmen für kontinuierliche Daten, darunter einfache K-means- und Farthest-First-Algorithmen. Beim K-means-Clustering werden die Datensätze einer bestimmten Anzahl von Clustern zugeordnet, indem die Clusterzentren iterativ angepasst werden (ähnlich wie weiter oben in diesem Kapitel beschrieben). Wir werden K-means (mit 2 Clustern) für diese drei Softwareprogramme vergleichen. Zur Veranschaulichung verwenden wir den Darlehensdatensatz.

R (Rattle) K-Means Clustering

Wir verwenden einen erweiterten Kreditdatensatz, der einen FICO-Score enthält. Vermögen, Schulden und Wünsche wurden verwendet, um die Variable Kredit zu erzeugen. Es werden Rohdaten vor der Standardisierung verwendet (Rattle standardisiert intern, um Clustering durchzuführen). Der Datenbildschirm für den Datensatz LoanFICOcluster.csv (650 Beobachtungen) ist in Abb. 6.1 dargestellt. Hier gibt es sechs Eingabevariablen (Risiko heißt Sicherheit, um zu verdeutlichen, dass höher besser ist, und On-Time ist eine Eingabevariable, um die Interpretation zu ermöglichen). Alle sind numerisch (für die Clusterbildung erforderlich).

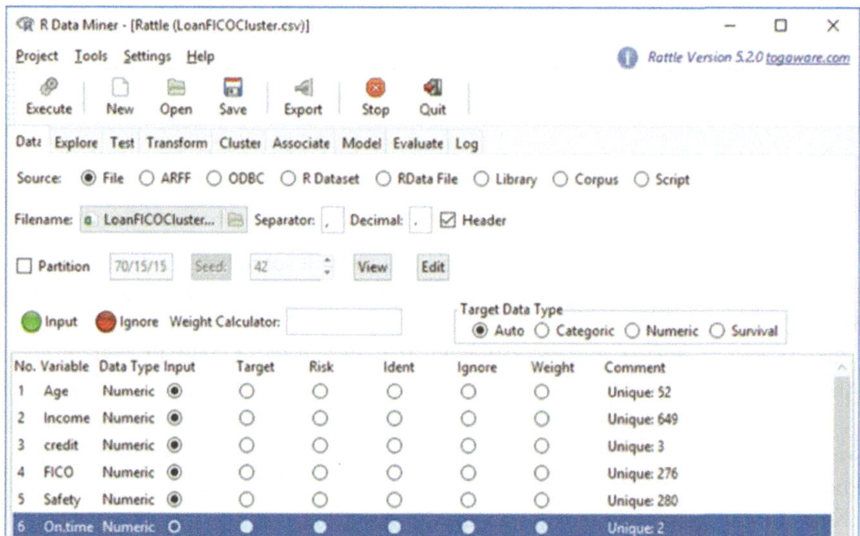

Abb. 6.1 Rattledarstellung der geladenen Clustering-Daten

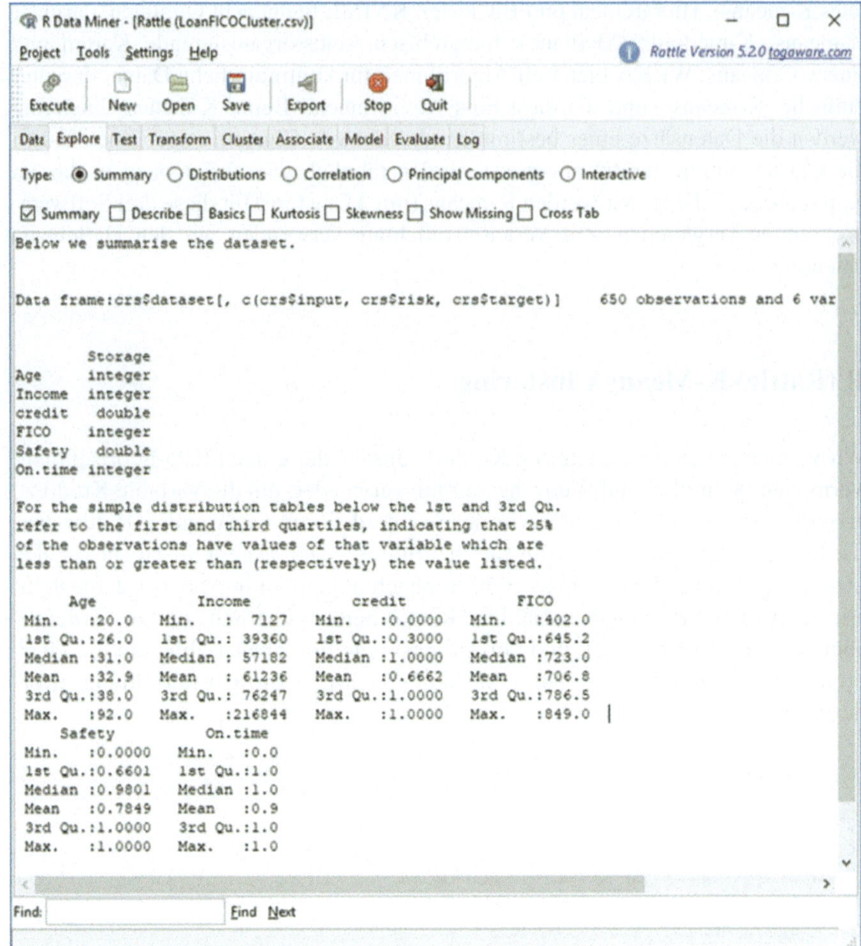

Abb. 6.2 Erste zusammenfassende Ausgabe

Auf der Seite „Erkunden" (Abb. 6.2) erhalten wir Beschreibungen des Datentyps und zusammenfassende Statistiken, die Minima, Maxima und Quartilwerte sowie Mittelwerte enthalten.

Fragt man nach Verteilungen und wählt Box Plots für jede Variable, erhält man Abb. 6.3.

Dabei handelt es sich um Box-and-Whisker-Diagramme, in denen die Mittelwerte (Sternchen), die Quartile (Kästchenenden) und die Ausreißer (abweichende Punkte) angezeigt werden. Die Korrelation kann durch Auswahl des Optionsfeldes „**Korrelation**" erhalten werden, was zu Abb. 6.4 führt.

Die Grafik zeigt, dass Kreditwürdigkeit, Risiko und Alter einen starken Zusammenhang mit der pünktlichen Zahlung aufweisen, während das Einkommen einen

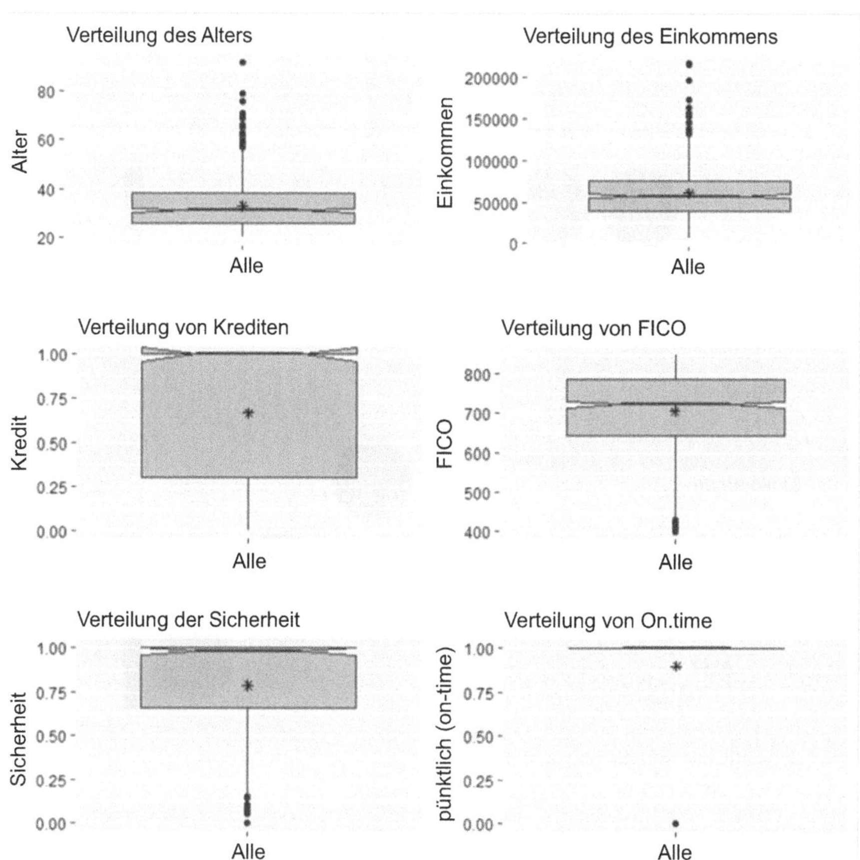

Abb. 6.3 Verteilungen, die von Rattle ausgegeben werden

deutlich schwächeren Zusammenhang hat. Abb. 6.5 zeigt diese Informationen in tabellarischer Form.

Abb. 6.5 zeigt, dass die Beziehung zwischen Pünktlichkeit und den einzelnen Variablen gering, aber positiv ist (und jeweils über 0,1 liegt). Es besteht eine starke Beziehung zwischen FICO und Kredit (schließlich versuchen sie, dasselbe zu messen) sowie zwischen Sicherheit und Alter (ältere Menschen haben eine sicherere finanzielle Situation). Die Korrelation zeigt die wechselseitigen Beziehungen zwischen den Inputs. Das Einkommen hängt mit dem Alter zusammen, und bessere Sicherheitsmaßnahmen sind stark mit dem Alter verbunden.

Die Clusteranalyse wurde mit dem K-Means-Algorithmus in Rattle durchgeführt. Der Benutzer gibt die Anzahl der Cluster an. Der Cluster-Bildschirm von Rattle unter Verwendung von K-Means mit 2 Clustern ist in Abb. 6.6 dargestellt.

Wählen Sie die Schaltfläche **Excecute** und Sie erhalten die in Abb. 6.7 dargestellte Ausgabe.

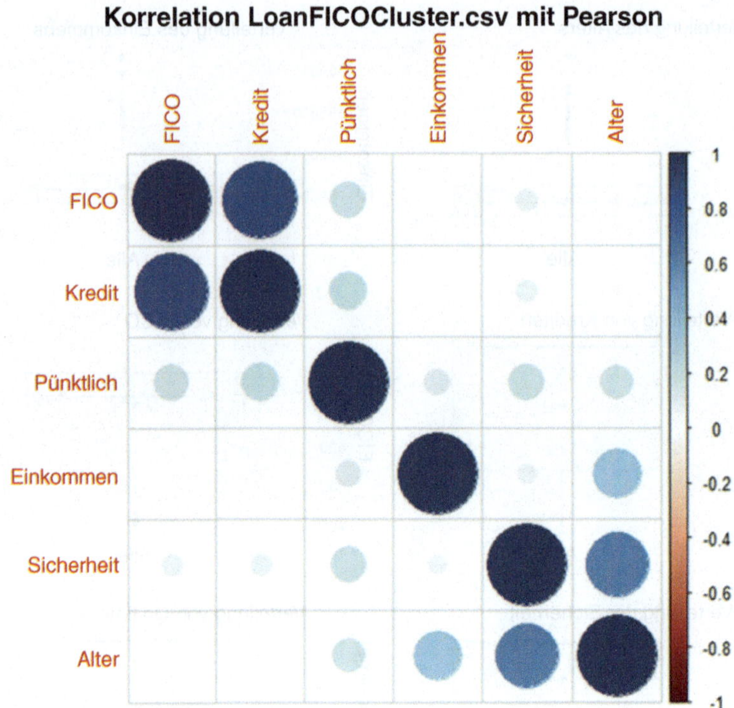

Abb. 6.4 Grafik zur Korrelation von Rattle

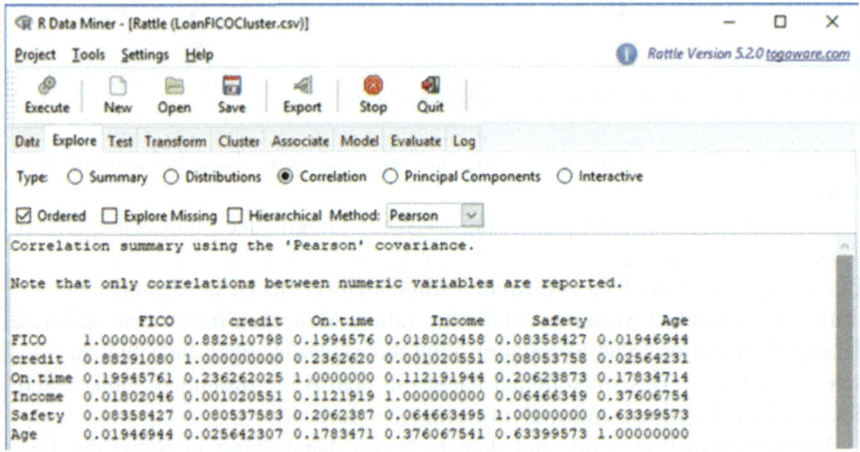


```
Correlation summary using the 'Pearson' covariance.

Note that only correlations between numeric variables are reported.

              FICO      credit   On.time      Income    Safety        Age
FICO    1.00000000 0.882910798 0.1994576 0.018020458 0.08358427 0.01946944
credit  0.88291080 1.000000000 0.2362620 0.001020551 0.08053758 0.02564231
On.time 0.19945761 0.236262025 1.0000000 0.112191944 0.20623873 0.17834714
Income  0.01802046 0.001020551 0.1121919 1.000000000 0.06466349 0.37606754
Safety  0.08358427 0.080537583 0.2062387 0.064663495 1.00000000 0.63399573
Age     0.01946944 0.025642307 0.1783471 0.376067541 0.63399573 1.00000000
```

Abb. 6.5 Korrelationstabelle

Beachten Sie, dass das Kästchen Re-Scale markiert ist. Dies zeigt die Cluster in standardisierten Daten an. Hier zeigen die Ergebnisse, dass beide Cluster eine relativ hohe Pünktlichkeit aufweisen. Der größte Unterschied besteht in der Kreditwürdigkeit, wobei sich auch der FICO-Wert (der stark mit der Kreditwürdigkeit korreliert) deutlich unterscheidet. Die übrigen Clustermaße sind relativ

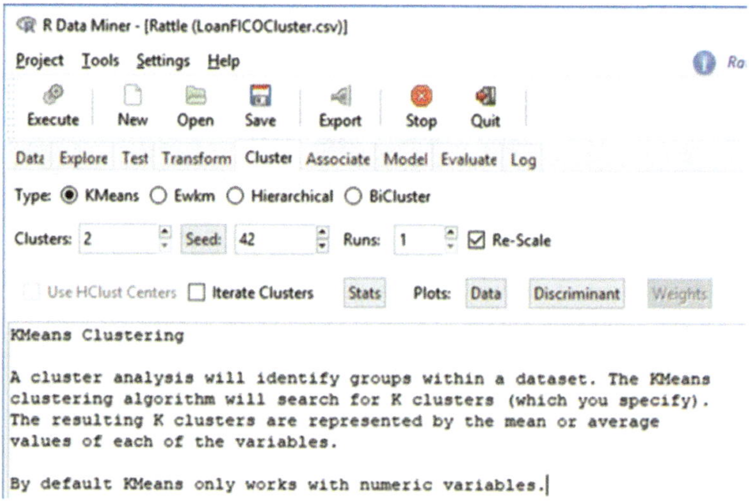
R Data Miner - [Rattle (LoanFICOCluster.csv)]
Project Tools Settings Help
Execute New Open Save Export Stop Quit
Data Explore Test Transform Cluster Associate Model Evaluate Log
Type: KMeans Ewkm Hierarchical BiCluster
Clusters: 2 Seed: 42 Runs: 1 Re-Scale
Use HClust Centers Iterate Clusters Stats Plots: Data Discriminant Weights
KMeans Clustering
A cluster analysis will identify groups within a dataset. The KMeans clustering algorithm will search for K clusters (which you specify). The resulting K clusters are represented by the mean or average values of each of the variables.
By default KMeans only works with numeric variables.

Abb. 6.6 Menü für das Clustering von Rattle

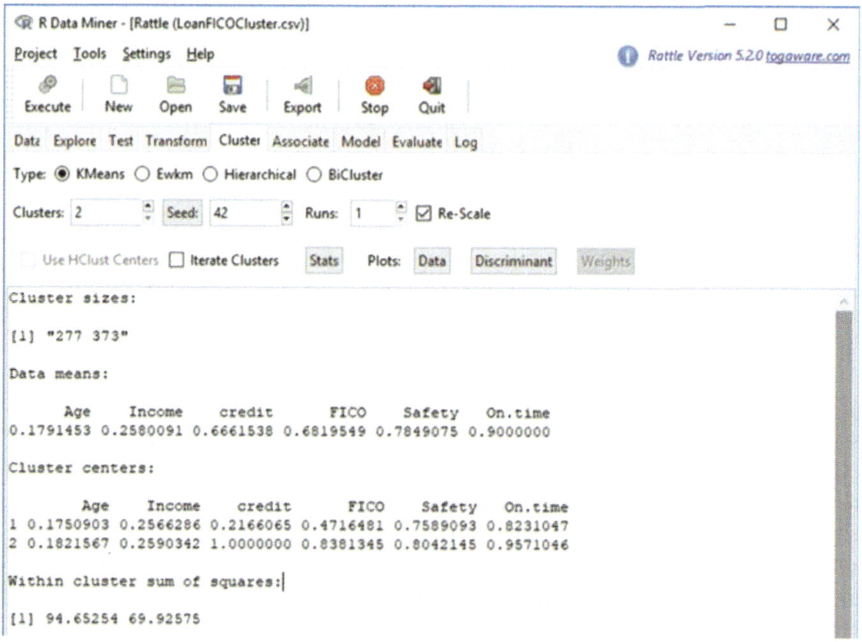
R Data Miner - [Rattle (LoanFICOCluster.csv)]
Project Tools Settings Help
Rattle Version 5.2.0 togaware.com
Execute New Open Save Export Stop Quit
Data Explore Test Transform Cluster Associate Model Evaluate Log
Type: KMeans Ewkm Hierarchical BiCluster
Clusters: 2 Seed: 42 Runs: 1 Re-Scale
Use HClust Centers Iterate Clusters Stats Plots: Data Discriminant Weights
Cluster sizes:
[1] "277 373"
Data means:
Age Income credit FICO Safety On.time
0.1791453 0.2580091 0.6661538 0.6819549 0.7849075 0.9000000
Cluster centers:
Age Income credit FICO Safety On.time
1 0.1750903 0.2566286 0.2166065 0.4716481 0.7589093 0.8231047
2 0.1821567 0.2590342 1.0000000 0.8381345 0.8042145 0.9571046
Within cluster sum of squares:
[1] 94.65254 69.92575

Abb. 6.7 Ergebnisse des Rattle-Clusters für K = 2

ähnlich. Daraus ergibt sich, dass Cluster 1 277 Fälle (siehe Clustergrößen) mit niedrigeren Bonitätsbewertungen, aber nur geringfügig schlechterer Pünktlichkeit als die 373 in Cluster 2 enthält. Wir können die Zahlen in einer menschlicheren Form sehen, indem wir das Kästchen Re-Scale deaktivieren und die Cluster in Abb. 6.8 erhalten.

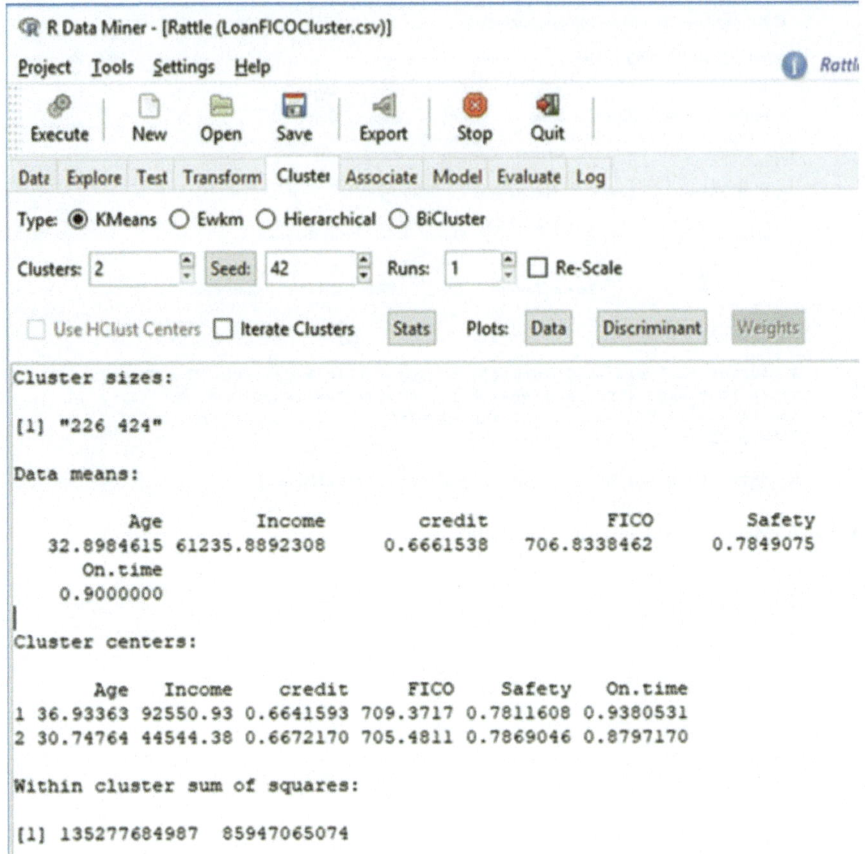

Abb. 6.8 Rattle-Clustering-Ergebnis für K = 2 ohne Neuskalierung

Beachten Sie, dass sich die Zahlen jetzt auf die Daten beziehen. Die Cluster sind unterschiedlich, wenn auch ähnlich. Hier ist Cluster 1 die Gruppe mit der etwas besseren Pünktlichkeit (226 statt 373), und hier hat das Einkommen einen viel größeren Unterschied, während Kredit, FICO und Sicherheit keinen Unterschied machen. Die Neuskalierung macht also eindeutig einen Unterschied bei den erhaltenen Clustern. Die Cluster-Ergebnisse sind in der Regel unvorhersehbar, wobei jede Änderung oft einen großen Unterschied in der Ausgabe bewirkt.

Es gibt noch andere Werkzeuge, die Rattle für die Clusterbildung bereitstellt. Die Schaltfläche Statistik liefert detaillierte Statistiken, die normalerweise nicht von großem Interesse sind. Die Schaltfläche „Daten“ zeigt jedoch an, wie die einzelnen Variablen nach Clustern gruppiert sind, wie in Abb. 6.9 dargestellt.

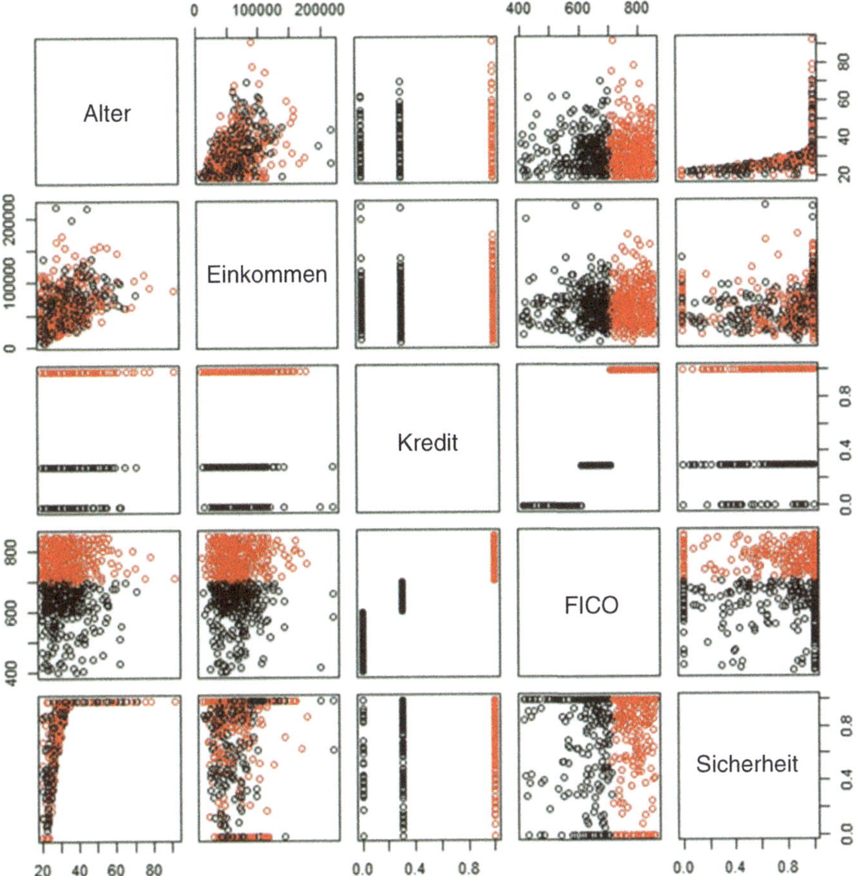

Abb. 6.9 Datenausgabe von Rattle für neu skalierte Cluster

Rattle warnt uns, dass mehr als fünf Variablen unübersichtlich sind, und zeigt nur die ersten fünf an. Anhand von FICO können wir jedoch sehen, dass die höheren Werte in Rot angezeigt werden, was darauf hindeutet, dass Rot Cluster 2 sein muss. Dann können wir sehen, dass Alter, Einkommen und Sicherheit sehr weit auseinander liegen. Die Kreditwürdigkeit wurde mit drei Werten bewertet: 0 für schlecht, 0,3 für nicht so gut und 1,0 für OK. Die mit OK bewerteten Beobachtungen sind alle rot (Cluster 2), die anderen schwarz (Cluster 1).

Die Schaltfläche Diskriminante liefert eine Darstellung der ersten beiden Eigenvektoren (siehe Abb. 6.10).

Die Komponenten werden hier von Rattle auf der Grundlage einer Diskriminanzanalyse zugewiesen, wobei die sechs Variablen im Wesentlichen auf zwei komprimiert werden. Die Kreise stehen für Cluster 1 und die Dreiecke für Cluster 2, und hier gibt es einen deutlichen Unterschied, der durch die Ovale angezeigt wird.

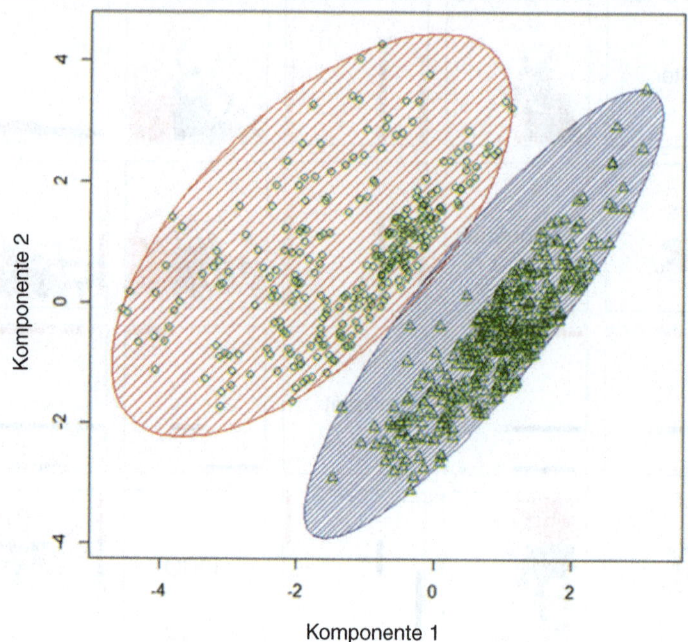

Abb. 6.10 Diskriminanzdiagramm für neu skalierte Cluster

Andere R-Clustering-Algorithmen

Die Daten wurden mit dem EWKM-Algorithmus wiederholt, was zu Abb. 6.11 führt.

In diesem Modell hatte das zweite Cluster eine etwas höhere Pünktlichkeitsleistung. Cluster 1 (285 Beobachtungen) ist jünger, hat eine geringere Sicherheit und ein etwas niedrigeres Einkommen als Cluster 2 (365 Beobachtungen). Das Diskriminanzdiagramm zeigt hier eine große Überschneidung (Abb. 6.12).

Es wurde auch ein hierarchisches Modell mit Clusters auf 2 gesetzt, was zu Abb. 6.13 führt (über die Schaltfläche Stats).

Hier hat Cluster 1 eine etwas geringere Pünktlichkeitsleistung, wobei die einzigen wirklichen Unterschiede darin bestehen, dass Cluster 1 jünger ist und ein geringeres Einkommen hat. Abb. 6.14 zeigt eine große Überschneidung zwischen den 353 Beobachtungen in Cluster 1 (man muss in der Statistikausgabe nach unten scrollen, um sie zu finden) und den 297 in Cluster 2.

Wir betonen nochmals, dass unterschiedliche Modelle unterschiedliche Cluster ergeben und unterschiedliche Einstellungen innerhalb desselben Algorithmus zu unterschiedlichen Clustern führen. Im Sinne des Data-Mining ist es allgemein üblich, mehrere Modelle laufen zu lassen und sie im Kontext des Problems zu analysieren.

Abb. 6.11 EWKM-Clustering von R

Ein letztes Werkzeug, das wir uns ansehen werden, ist die Registerkarte Auswertung (Abb. 6.15). Sie ermöglicht es dem Benutzer, den zugewiesenen Cluster für jedes beliebige Modell zu finden, entweder für die Originaldaten (Schaltfläche „Full"), für Daten, die in Trainings-, Validierungs- und Testsätze aufgeteilt wurden (jeweils mit einer Schaltfläche, wenn die Daten partitioniert wurden), oder für neue Fälle. Neue Fälle müssen über eine mit den Eingabedaten kompatible Datei geladen werden, indem die Schaltfläche CSV-Datei verwendet wird.

Wir können mehrere Clustering-Algorithmen miteinander vergleichen. Unter Verwendung von Daten, die nicht neu skaliert wurden (damit die Zahlen einen Sinn ergeben), erhalten wir die folgenden Tabellen mit Clustern. Tab. 6.3 zeigt die Ergebnisse von K-means.

Abb. 6.12 EWKM-Diskriminanzdiagramm

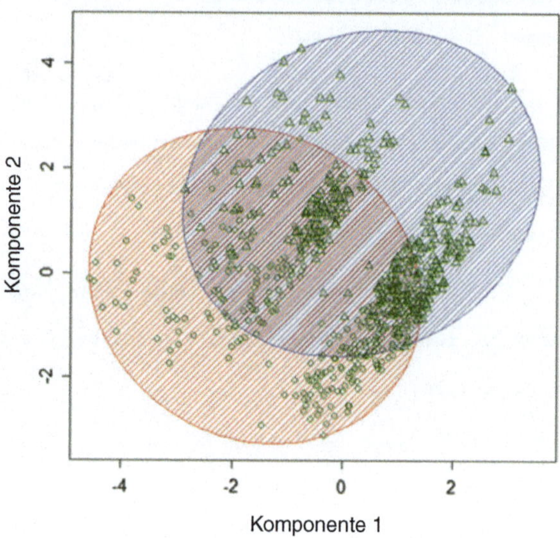

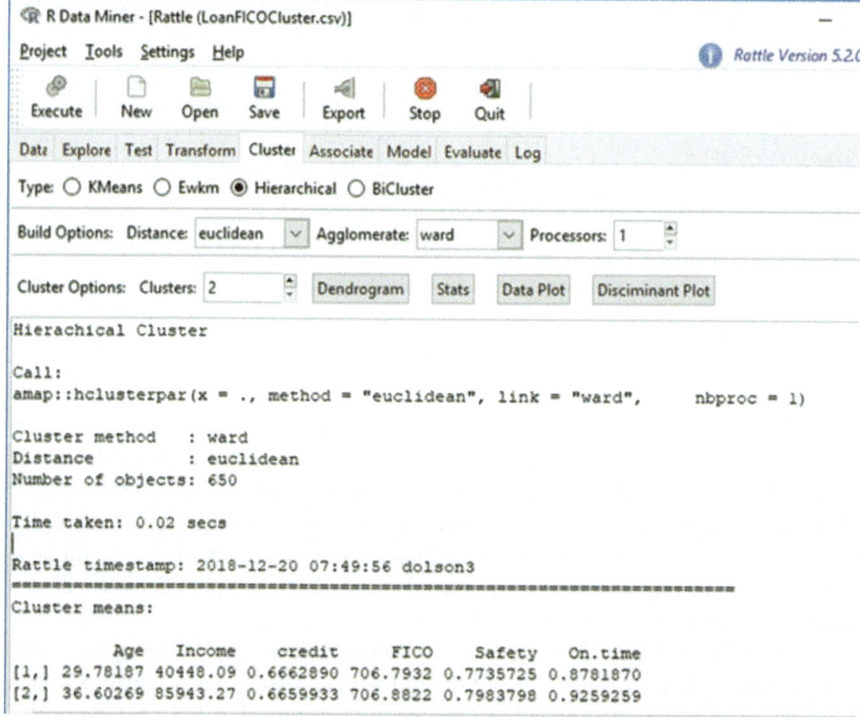

Abb. 6.13 Hierarchische Statistikausgabe für K = 2

Abb. 6.14 Hierarchisches Cluster-Diskriminanzdiagramm

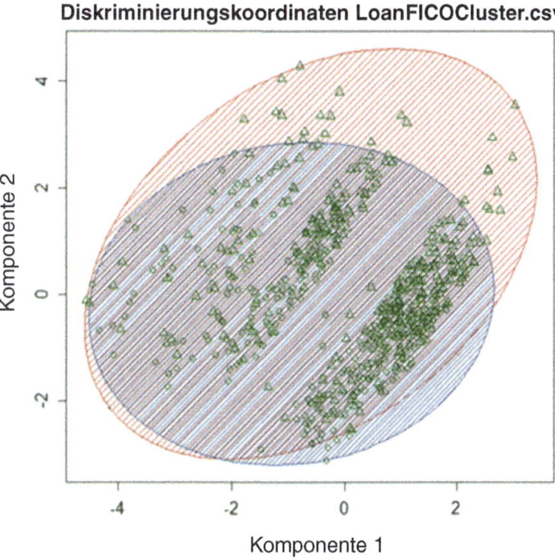

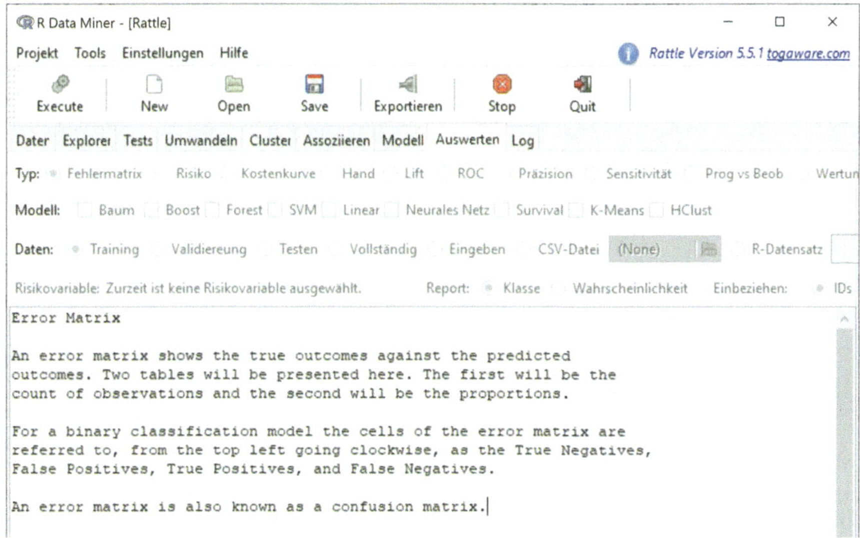

Abb. 6.15 Registerkarte „Bewertung" von Rattle

Beachten Sie, dass in Tab. 6.3 die Daten nach der Pünktlichkeit sortiert sind, damit wir leichter sehen können, was bei den verschiedenen Clustergrößen passiert. Hier sehen wir, dass jeder Clustersatz völlig unterschiedlich ist. Wenn wir EWKM ausprobieren, erhalten wir Tab. 6.4.

Interessant ist, dass für K von 2, 3 und 5 genau die gleichen Cluster wie mit K-means erhalten wurden. Die Cluster für K von 4 sind anders. EWKM ist

Tab. 6.3 K-means-Cluster für Kreditdaten

Algorithmus	K	Cluster	N	Alter	Einkommen	Kredit	FICO	Sicherheit	Pünktlich
K-means	2	1	226	36,9	92.551	0,664	709	0,781	0,938
		2	424	30,7	44.544	0,667	705	0,787	0,880
	3	3	89	38,6	114.942	0,681	718	0,800	0,966
		1	274	35,2	69.466	0,657	703	0,812	0,905
		2	287	28,9	36.724	0,670	707	0,755	0,875
	4	3	17	40,4	157.751	0,700	712	0,877	1,000
		1	117	38,2	97.479	0,670	718	0,783	0,957
		4	259	34,2	64.557	0,656	700	0,809	0,900
		2	257	28,6	35.006	0,672	708	0,756	0,868
	5	3	16	40,2	159.560	0,725	714	0,869	1,000
		1	86	39,3	102.852	0,688	721	0,809	0,953
		4	188	32,2	50.515	0,668	708	0,809	0,910
		5	188	35,1	72.867	0,653	700	0,781	0,904
		2	172	27,4	30.286	0,663	705	0,743	0,849

Tab. 6.4 EWKM-Cluster für Kreditdaten

Algorithmus	K	Cluster	N	Alter	Einkommen	Kredit	FICO	Sicherheit	Pünktlich
EWKM	2	1	226	36,9	92.551	0,664	709	0,781	0,938
		2	424	30,7	44.544	0,667	705	0,787	0,880
	3	3	90	39,0	114.688	0,684	718	0,803	0,967
		1	275	35,1	69.264	0,656	703	0,811	0,905
		2	285	28,9	36.610	0,671	707	0,754	0,874
	4	3	74	38,9	119.084	0,714	723	0,813	0,973
		4	200	35,8	76.388	0,641	701	0,780	0,910
		1	195	32,5	51.978	0,683	710	0,816	0,908
		2	181	27,7	30.817	0,657	704	0,746	0,851
	5	5	16	40,2	159.560	0,725	714	0,869	1,000
		3	86	39,3	102.852	0,688	721	0,809	0,953
		1	188	32,2	50.515	0,668	708	0,809	0,910
		4	188	35,1	72.867	0,653	700	0,781	0,904
		2	172	27,4	30.286	0,663	705	0,743	0,849

K-means mit anderer Gewichtung. Die Standardeinstellungen wiederholen manchmal K-means-Ergebnisse. Tab. 6.5 enthält die Ergebnisse für hierarchisches Clustering.

Hier unterscheiden sich die Cluster sowohl von K-means als auch von EWKM. Interessant ist jedoch die Leistung bei verschiedenen Clustergrößen innerhalb der hierarchischen Cluster. Bei K von 3 wird Cluster 2 für K von 2 geteilt (der neue Cluster 3 hat ein etwas höheres Einkommen, aber ansonsten gibt es keinen großen Unterschied). Für K von 4 sind die Cluster 4 und 3 identisch mit den Clustern 3 und 2 für K von 3, während Cluster 1 für K von 3 in die Cluster 1 und 2 für K von 4

Tab. 6.5 Hierarchische Cluster für Kreditdaten

Algorithmus	K	Cluster	N	Alter	Einkommen	Kredit	FICO	Sicherheit	Pünktlich
Hierarchisch	2	2	297	36,6	85.943	0,666	707	0,798	0,926
		1	353	29,8	40.448	0,666	707	0,774	0,878
	3	3	88	38,6	115.199	0,677	717	0,798	0,966
		2	209	35,8	73.625	0,661	703	0,798	0,909
		1	353	29,8	40.448	0,666	707	0,774	0,878
	4	4	88	38,6	115.198	0,677	717	0,798	0,966
		3	209	35,8	73.625	0,661	703	0,798	0,909
		1	228	31,5	47.645	0,661	706	0,792	0,890
		2	125	26,6	27.322	0,676	709	0,741	0,856
	5	5	88	38,9	115.199	0,677	717	0,798	0,966
		3	209	35,8	73.625	0,661	703	0,798	0,909
		1	103	32,8	54.614	0,654	706	0,825	0,903
		4	125	30,5	41.902	0,666	706	0,764	0,880
		2	125	26,6	27.322	0,676	709	0,741	0,856

aufgeteilt wurde. Für K von 5 ist Cluster 5 derselbe wie Cluster 4 für K von 4, Cluster 3 ist derselbe wie Cluster 3 für K von 4, Cluster 2 ist derselbe wie Cluster 2 für K von 4, und Cluster 1 für K von 4 ist in die Cluster 1 und 4 für K von 5 aufgeteilt. Die hierarchische Aufteilung ist deutlich zu erkennen.

Wir können den Unterschied in den Clustern weiter veranschaulichen, indem wir die Werte in % der Mittelwerte darstellen. Die Daten in Tab. 6.5 werden in Tab. 6.6 in dieser Form dargestellt.

Wir können diese Daten dann z. B. in Excel als Radardiagramm anzeigen

wie in Abb. 6.16 dargestellt. Dies ermöglicht es uns, die Beziehungen zu sehen, wie sich die Merkmale der Cluster ändern, ohne die genauen Zahlen zu betrachten. Für K = 2 weist nur das Einkommen einen großen Unterschied auf. Für größere Werte von K ist das Einkommen immer noch das größte Unterscheidungsmerkmal, aber das Alter beginnt eine größere Rolle bei der Unterscheidung zu spielen. Dies wird durch die Korrelationskoeffizienten in Tab. 6.7 bestätigt.

Wie in Tab. 6.7 zu sehen ist, korreliert das Einkommen der Clusterzentren stark mit dem Alter und der Pünktlichkeit der Zahlungen. Die einkommensstarken Cluster enthalten die älteren Kunden, die pünktlich zahlen, während andere Cluster einkommensschwächere Kunden enthalten, die jünger sind und schlechtere Pünktlichkeitswerte aufweisen.

Wir wiederholten diesen Satz von Läufen ohne On-time. Die Ergebnisse waren völlig unterschiedlich, was darauf hindeutet, dass das Hinzufügen von Daten zu anderen Ergebnissen führt. Wir haben auch die Läufe mit Re-Scaling wiederholt. Auch hier waren die Ergebnisse völlig unterschiedlich. Daraus schließen wir, dass das Clustering sehr volatil ist.

Im Folgenden werden zwei weitere Clustermodelle von Open-Source-Data-Mining-Software vorgestellt.

Tab. 6.6 K-means und normalisierte hierarchische Cluster für Kreditdaten

Algorithmus	K	Cluster	ClusterGröße	Alter	Einkommen	Kredit	FICO	Sicherheit	Pünktlich
Algorithmus			1	32,8	61.235,9	0,66	706,8	0,78	0,9
Hierarchisch	2	2	46 %	111 %	140 %	101 %	100 %	102 %	103 %
		1	54 %	91 %	66 %	101 %	100 %	99 %	98 %
	3	3	14 %	117 %	188 %	102 %	101 %	102 %	107 %
		2	32 %	109 %	120 %	100 %	99 %	102 %	101 %
		1	54 %	91 %	66 %	101 %	100 %	99 %	98 %
	4	4	14 %	117 %	188 %	102 %	101 %	102 %	107 %
		3	32 %	109 %	120 %	100 %	99 %	102 %	101 %
		1	35 %	96 %	78 %	100 %	100 %	101 %	99 %
		2	19 %	81 %	45 %	102 %	100 %	94 %	95 %
	5	5	14 %	118 %	188 %	102 %	101 %	102 %	107 %
		3	32 %	109 %	120 %	100 %	99 %	102 %	101 %
		1	16 %	100 %	89 %	99 %	100 %	105 %	100 %
		4	19 %	93 %	68 %	101 %	100 %	97 %	98 %
		2	19 %	81 %	45 %	102 %	100 %	94 %	95 %

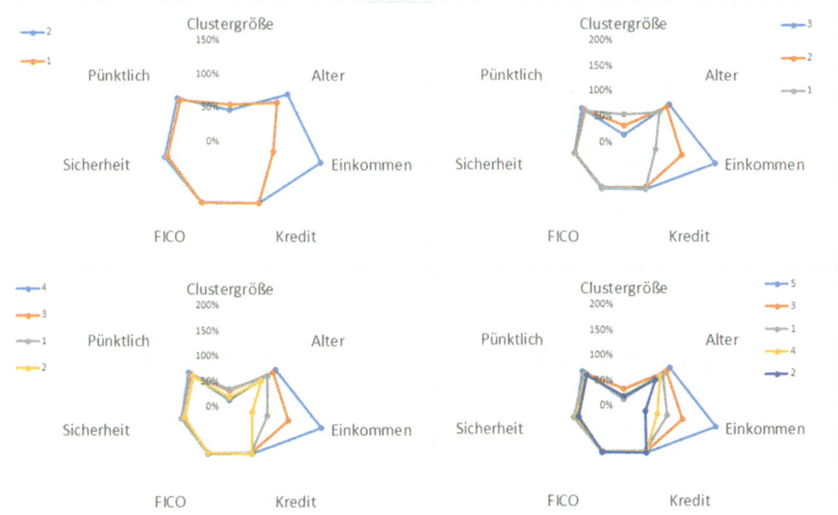

Abb. 6.16 Hierarchische Cluster-Radar-Diagramme (dargestellt mit Excel) für die unterschiedliche Anzahl von Clustern wie in Tab. 6.6 dargestellt

Tab. 6.7 Korrelationskoeffizient für die 5 in Tab. 6.6 dargestellten Cluster

	Cluster Größe	Alter	Einkommen	Kredit	FICO	Sicherheit	Pünktlich
Cluster Größe	1						
Alter	0.0	1					
Einkommen	−0,1	1,0	1				
Kredit	−0,3	−0,1	0,2	1			
FICO	−0,7	0,4	0,6	0,7	1		
Sicherheit	0,0	0,7	0,6	−0,7	0,0	1	
Pünktlich	−0,2	1,0	1,0	0,1	0,6	0,6	1

KNIME

KNIME ist ein Workflow-Prozess-System. Laden Sie zunächst Daten, indem Sie Input **IO** (für Input/Output) auswählen, **File Reader** wählen und auf den Workflow ziehen, wobei Sie dieselbe LoanClusterStd.csv-Datei auswählen, die auch mit R verwendet wird. Klicken Sie auf das File Reader-Symbol und wählen Sie **Configure**, gefolgt von **Execute und Open Views**. Das Ergebnis ist Abb. 6.17.

Wählen Sie dann **Analytics**, **Mining** und **Clustering** und ziehen Sie das K-Means-Symbol in den Workflow. Ziehen Sie vom Dreieck auf der rechten Seite des File Reader-Symbols zum Eingabedreieck auf dem K-Means-Symbol. Klicken Sie mit der rechten Maustaste auf das K-Means-Symbol und wählen Sie **configuriere**. **Excecute und Open Views (Ansichten öffnen)** ergibt Abb. 6.18.

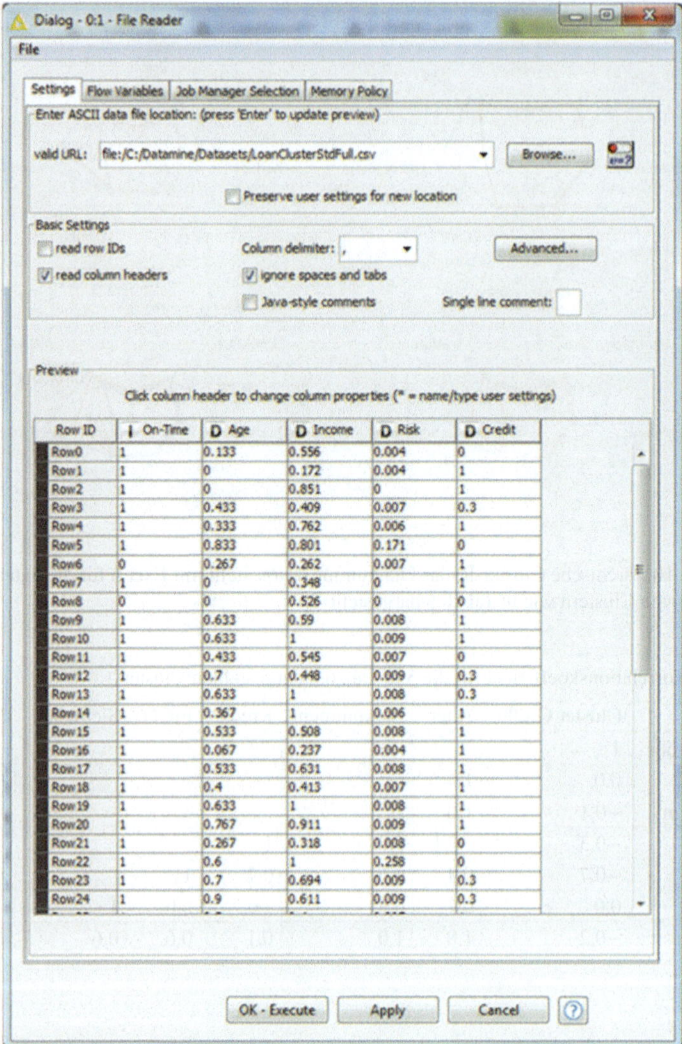

Abb. 6.17 Ergebnis des KNIME-Dateireaders

Beachten Sie, dass die Standardeinstellung die Ausgabevariable ausschließt. Das ist in Ordnung, aber Sie können sie wieder hinzufügen, wenn Sie On-Time einbeziehen wollen (wie wir es mit R gemacht haben und wie wir es hier machen). Auch R schließt standardmäßig die Ausgabevariablen aus. Beim Clustering werden wieder alle eingeschlossenen Variablen gleich behandelt und es wird nach Clustern mit ähnlichen Beobachtungsvektoren gesucht.

Als nächstes müssen wir ein K-Means-Modell anwenden. Ziehen Sie ein Cluster-Assigner-Symbol auf den Workflow und verbinden Sie das Dreieckssym-

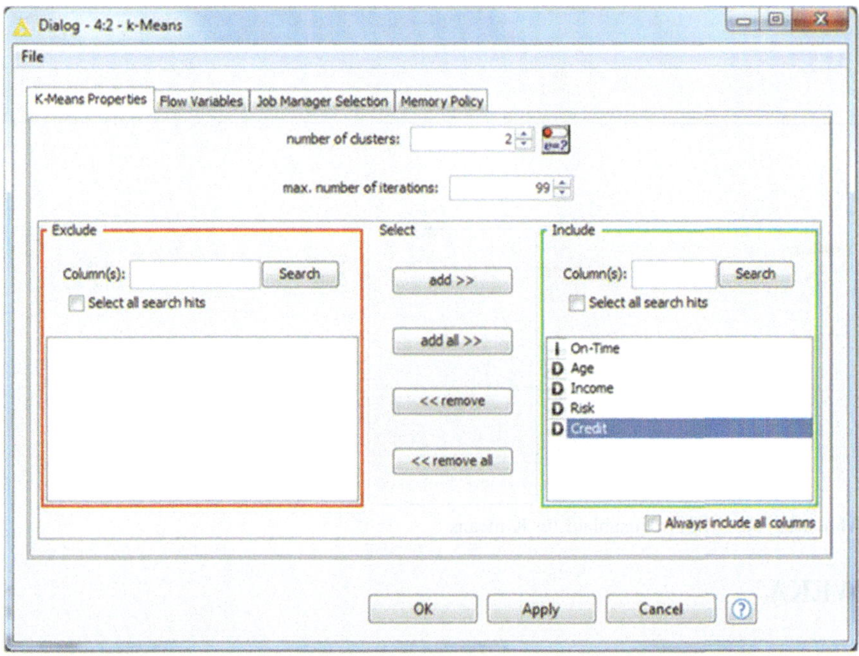

Abb. 6.18 KNIME K-means Kontrolle

Tab. 6.8 KNIME K-means clustering output

Cluster	Pünktlich	Alter	Einkommen	Risiko	Kredit
C1 (277 Fälle)	0,822	0,386	0,588	0,786	0,217
C2 (373 Fälle)	0,957	0,397	0,592	0,831	1,0

bol auf der linken Seite des Cluster-Assigners mit dem Dreieck auf dem File Reader und das Kästchensymbol des Cluster-Assigners auf der linken Seite mit dem Kästchensymbol auf der rechten Seite des K-Means-Symbols. Klicken Sie auf den Cluster Assigner, **Configure** und **Execute und Open Views**. Gehen Sie nun zu **Views** und ziehen Sie eine **interaktive Tabelle** in den Workflow. Verbinden Sie das Ausgabedreieck vom Cluster Assigner mit dem Dreieck der interaktiven Tabelle. Klicken Sie mit der rechten Maustaste auf die interaktive Tabelle, **Configure** und **Execute and Open Views**. Das Ergebnis ist die in Tab. 6.8 dargestellte Clusterzuordnung.

Dies kommt der R-Clustering-Ausgabe für k-means sehr nahe.

Der Arbeitsablauf und die Symbolleisten sind in Abb. 6.19 dargestellt. Es ist trivial, Datensätze mit dem KNIME-System zu ändern – einfach das Dateireader-Symbol erneut aufrufen, die neue Datei auswählen und die Abfolge von Konfigurieren und Excecute für jedes Symbol durchlaufen. Das dauert weniger Zeit, als es braucht, um diesen Satz zu schreiben.

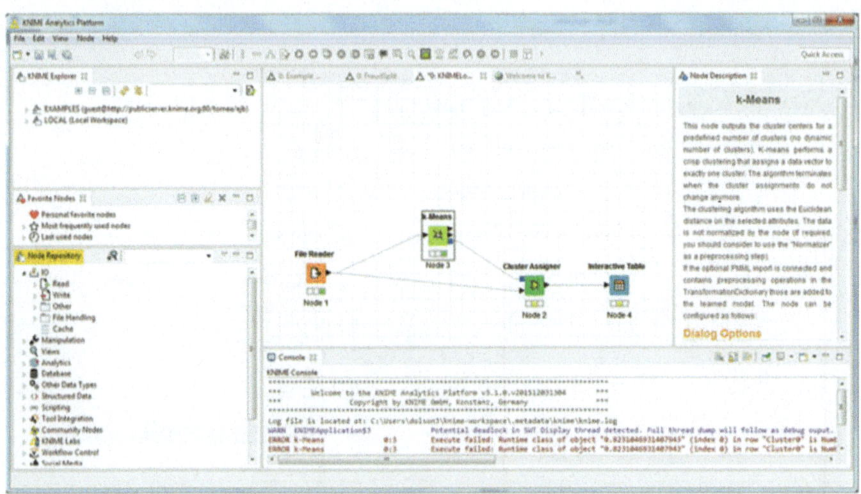

Abb. 6.19 KNIME Arbeitsablauf für K-means

WEKA

Sie können WEKA aus dem Internet herunterladen unter http://www.cs.waikato.ac.nz/ml/weka/. Dem Download liegt eine Dokumentation bei. Öffnen Sie WEKA und wählen Sie **Explorer**, wie in Abb. 6.20 gezeigt.

Wählen Sie **Explorer** und Sie erhalten Abb. 6.21.

Das Clustering mit WEKA beginnt mit dem Öffnen einer Datei, wobei dieselbe LoanClusterStd.csv-Datei verwendet wird, die wir für R und KNIME benutzt haben. Der WEKA-Bildschirm öffnet sich wie in Abb. 6.22 gezeigt und zeigt ein Histogramm der ausgewählten Variablen an (in diesem Fall war On-Time die erste Variable, mit einer 0-1-Verteilung von 65 Nullen und 585 Einsen).

Verwenden Sie WEKA und wählen Sie **Datei öffnen …** und wählen Sie eine Datei von Ihrer Festplatte. In Abb. 6.23 wählen wir **LoanRaw.csv**

Sie können mit Visualize herumspielen, um zu sehen, wie sich die Daten verhalten. Wir wählen Vermögen, Schulden und Wollen aus und **entfernen** sie. Dann können wir die Registerkarte **Cluster** auswählen, wie in Abb. 6.24 gezeigt. Das Menü der Algorithmen für das Clustering für kontinuierliche Eingabedaten umfasst:

- Spinnennetz (Coweb)
- DBSCAN
- EM
- Entfernteste Erste (FarthestFirst)
- Gefilterter Clusterer (FilteredClusterer)
- Hierarchischer Clusterer
- MakeDensityBasedClusterer
- Canopy
- SimpleKMeans.

Die meisten davon sind komplizierter, als wir sie brauchen. SimpleKMeans wendet denselben Algorithmus an wie K-Means, der von R verwendet wird.

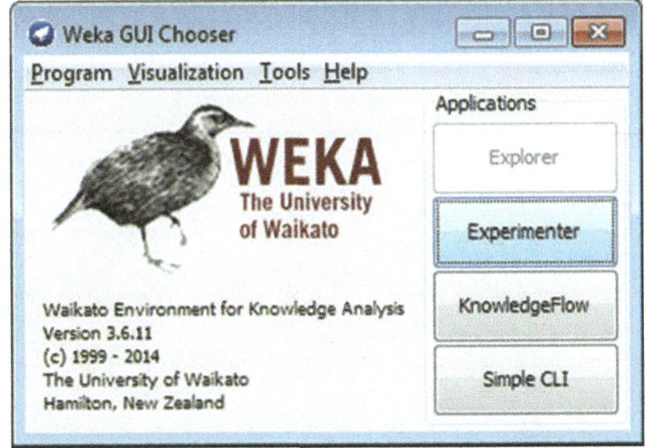

Abb. 6.20 WEKA-Eröffnungsbildschirm

Abb. 6.21 WEKA-Explorer-Bildschirm

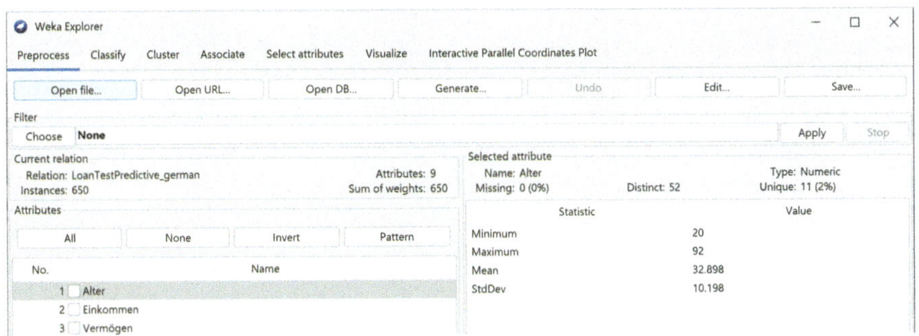

Abb. 6.22 WEKA-Bildschirm zum Öffnen von Dateien

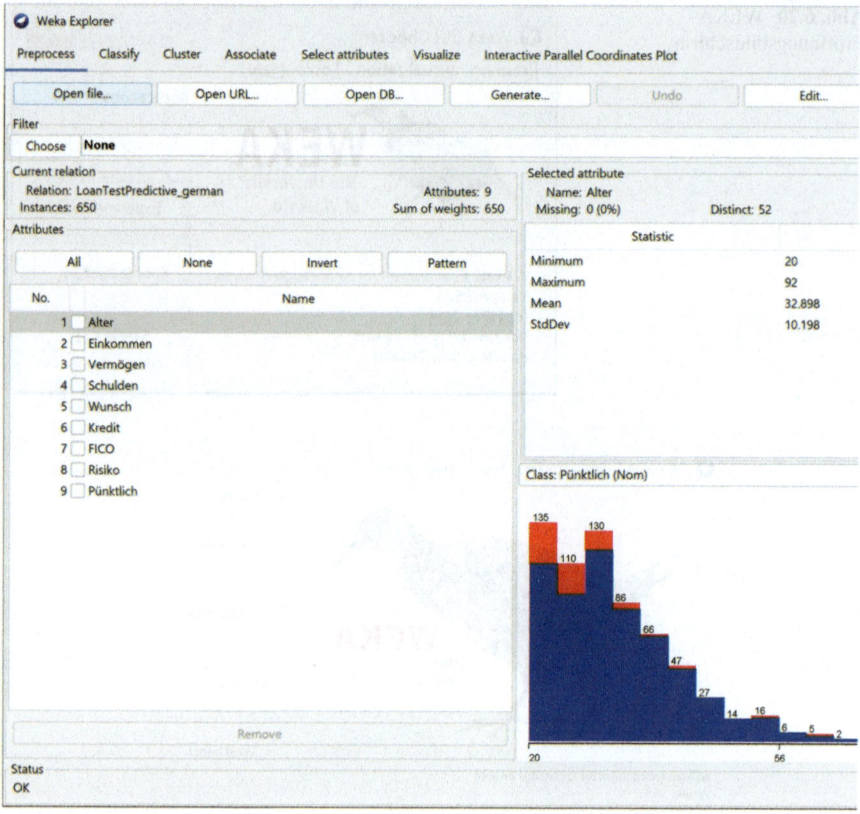

Abb. 6.23 WEKA-Bildschirm für LoanRaw.csv

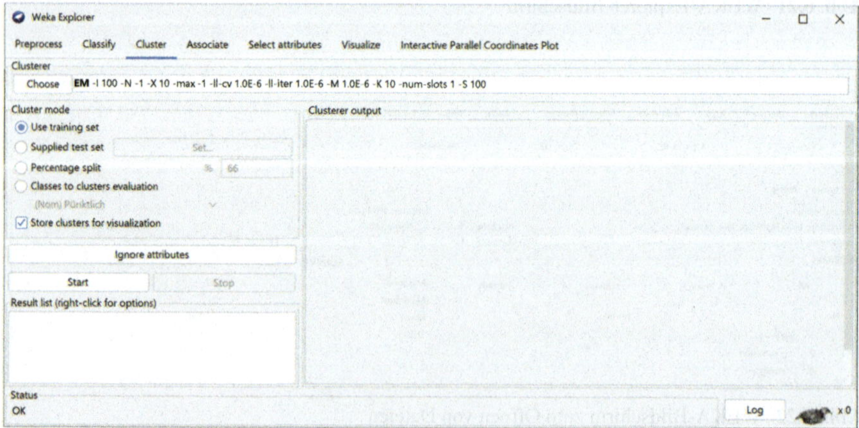

Abb. 6.24 WEKA-Cluster-Bildschirm

Wählen Sie Choose (**Wählen**) und Sie können die Parameter ändern, einschließlich der Anzahl der Cluster („N"). Abb. 6.25 zeigt das Menü.

Standardmäßig wird Euklidischer Abstand (Minimierung der Summe der quadratischen Abstände) verwendet. Andere Optionen sind Chebycheff (Minimierung des maximalen Abstands) oder Manhattan (Minimierung der Summe der linearen Abstände). Manhattan entspricht dem Clustering-Algorithmus Farthest First. Der Algorithmus Euklidischer Abstand führt zu dem in Abb. 6.26 dargestellten Modell.

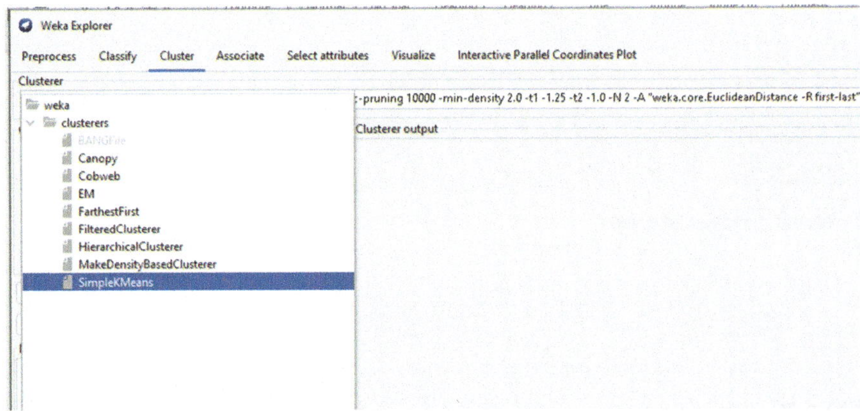

Abb. 6.25 Menü „K-Mittel-Cluster" in WEKA

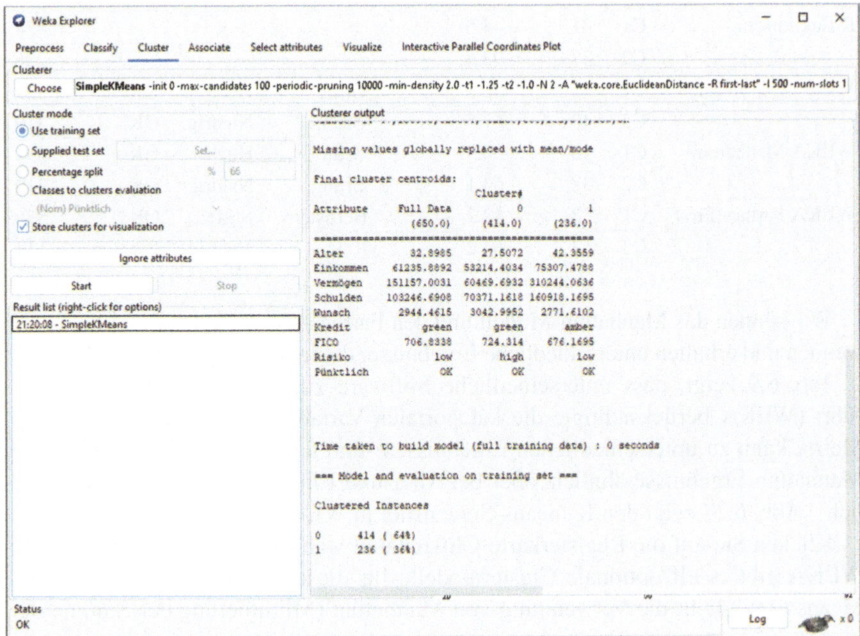

Abb. 6.26 WEKA-Cluster mit K = 2 Euklidisch

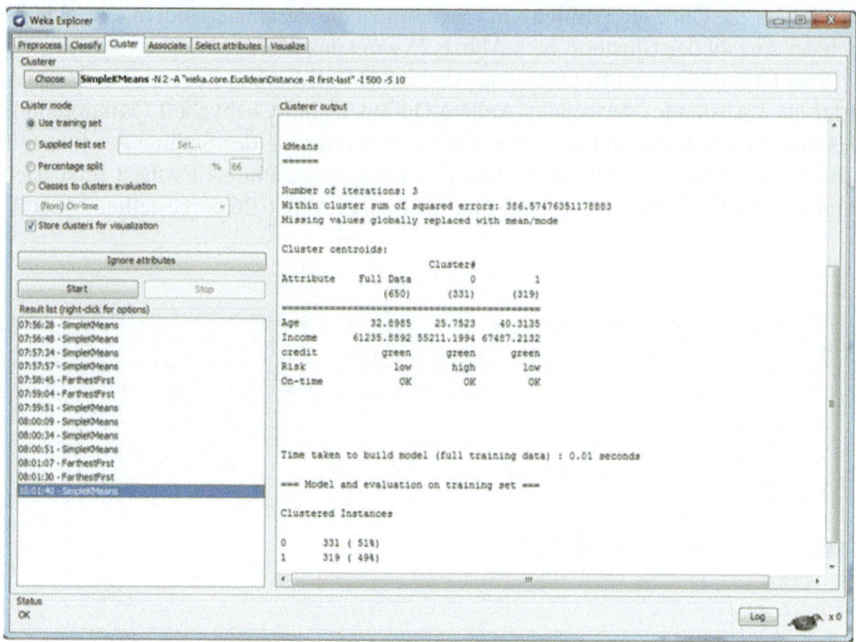

Abb. 6.26 (Fortsetzung)

Tab. 6.9 Vergleich von Clustern mit K = 2

Metrisch		Alter	Einkommen	Kredit	Risiko	Pünktlich	N
R Euklidisch	C1	31	44.5				424
	C2	37	92.6				226
WEKA Euklidisch	C1	257	56.7	Grün	Hoch	OK	331
	C2	40	67.5	Grün	Niedrig	OK	319
WEKA Manhattan	C1	26	50.5	Grün	Hoch	OK	331
	C2	38	63.1	Grün	Niedrig	OK	319
WEKA FarthestFirst	C1	32	42.7	Bernstein	Mittel	OK	536
	C2	62	64.2	Rot	Niedrig	Problem	114

Wir können das Manhattan-Modell und den Farthest-First-Clusteralgorithmus anwenden und erhalten unterschiedliche Ergebnisse, die in Tab. 6.9 verglichen werden.

Tab. 6.9 zeigt, dass unterschiedliche Software zu unterschiedlichen Clustern führt (WEKA berücksichtigte die kategorialen Variablen, R nicht), und auch die Metrik kann zu unterschiedlichen Ergebnissen führen (hier waren die Euklid- und Manhattan-Ergebnisse ähnlich, aber bei Alter und Einkommen leicht unterschiedlich) (Abb. 6.27 zeigt den K-means-Screenshot in WEKA).

Klicken Sie auf die Registerkarte **Cluster** und wählen Sie dann **Auswählen**. In WEKA gibt es elf optionale Clustermodelle für diese Art von Daten. Simple K-Means ermöglicht die Verwendung von Manhattan (Minimierung der Summe der

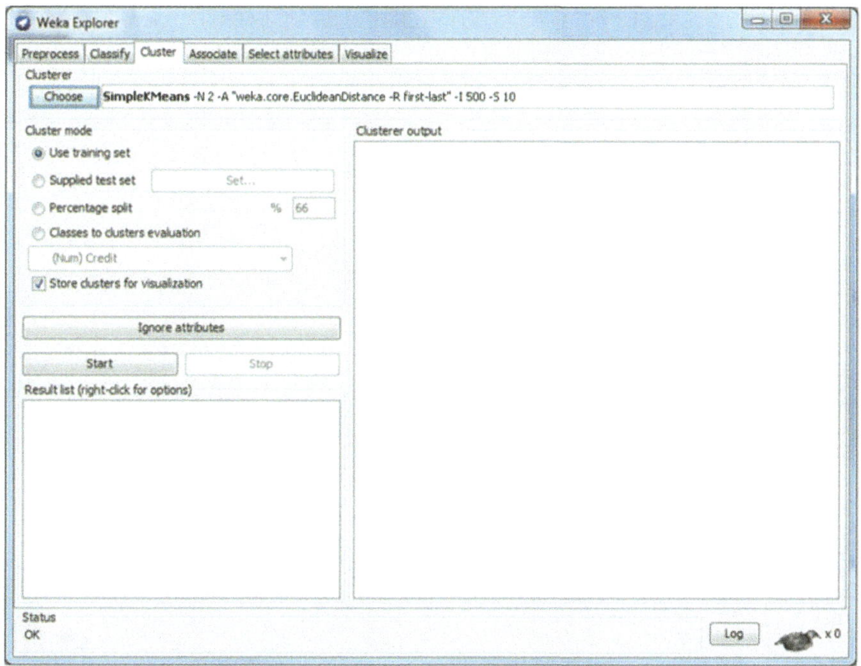

Abb. 6.27 WEKA K-means Bildschirm

absoluten Abstände), Euklidisch (Minimierung der Summe der quadratischen Abstände), Chebycheff (Minimierung des maximalen Abstands) und anderen Optionen. Die Voreinstellung ist Euklidisch. Weitere verfügbare Algorithmen sind Farthest First, das der Chebycheff-Metrik für K-Means entsprechen sollte.

In WEKA haben Sie die Wahl zwischen verschiedenen Auswertungsschemata. Die Standardeinstellung ist „use training set" **Trainingsmenge** zum Testen des Modells **verwenden**. Es ist besser, das Modell mit einem Teil der Daten zu erstellen und es mit anderen Daten zu testen. Dies kann durch eine **mitgelieferte Testmenge** (die ehrlich gesagt mit WEKA normalerweise nicht funktioniert), eine **prozentuale Aufteilung** oder andere Optionen geschehen. Mit den Trainingsdaten wählen wir **Start**, was zu dem in Abb. 6.28 dargestellten Modell führt.

Hier unterscheiden sich die beiden Gruppen in allen Variablen am stärksten. Die 477 in Cluster 1 haben eine höhere Zahlungsmoral, sind älter, haben ein höheres Einkommen, eine bessere Risikobewertung und eine höhere Kreditwürdigkeit als die 173 in Cluster 2. Die Verwendung des Farthest-First-Algorithmus in WEKA führte zu einem anderen Modell, das in Abb. 6.29 dargestellt ist.

Diese Cluster unterscheiden sich deutlich voneinander, wobei Cluster 0 trotz einer viel schlechteren Bonität und eines geringeren Einkommens eine viel bessere Pünktlichkeitsbilanz aufweist. Cluster 0 hatte einen älteren Durchschnitt. In Cluster 0 gab es 592 von 650 Fällen, in Cluster 1 58.

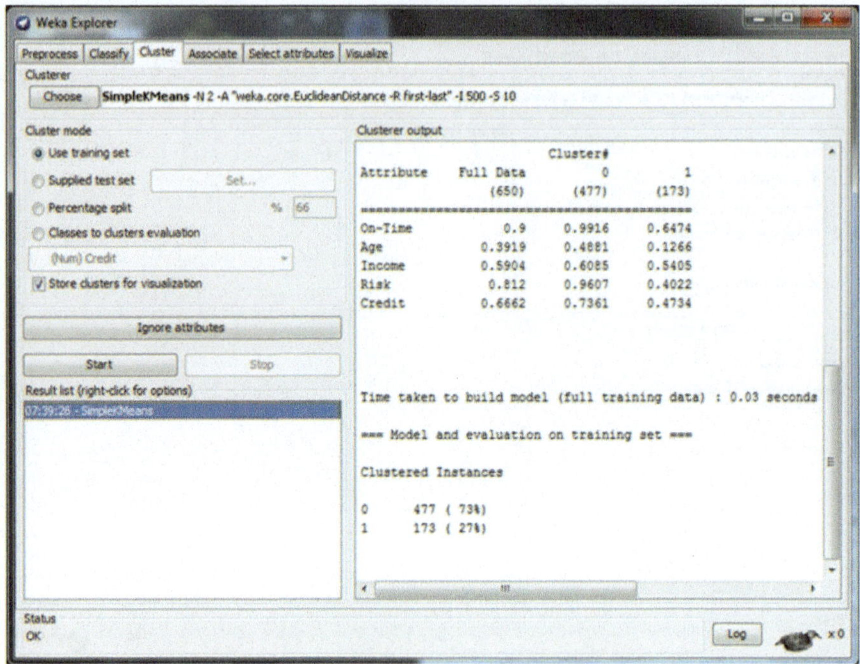

Abb. 6.28 WEKA K = 2 Clustering Ergebnis

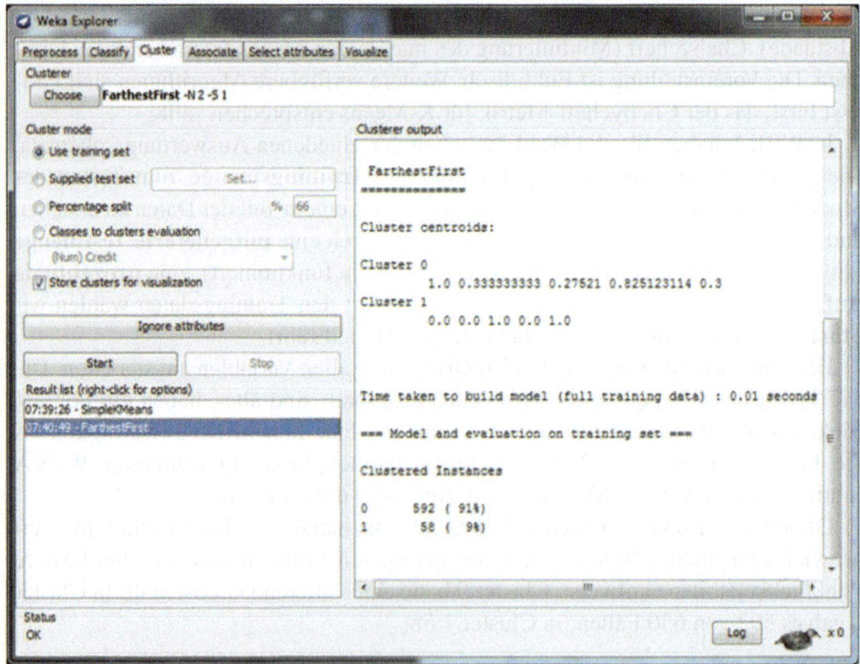

Abb. 6.29 WEKA weitest entfernter erster Cluster

Zusammenfassung

Die Clusteranalyse ist ein sehr attraktives Instrument für die erste Datenprüfung. Sobald verschiedene Cluster identifiziert sind, werden oft andere Methoden eingesetzt, um Regeln und Muster zu entdecken. Ergebnisvariablen können einbezogen werden, sie können aber auch weggelassen werden. Sie werden beim Clustering wie jede andere Variable behandelt, aber es ist praktisch, sie einzubeziehen, um die Interpretation der Unterschiede in den Clustern zu erleichtern. Das Ziel des Clustering ist jedoch die Identifizierung von Mustern und nicht die Vorhersage.

Manchmal wurde der Median anstelle des Mittelwerts als Grundlage für die Clusterzentren verwendet, wie im ersten realen Beispiel. Diese Entscheidung wurde in der Erwartung getroffen, dass der Median stabiler ist als der Mittelwert. Der Grund dafür ist, dass Ausreißerbeobachtungen (die radikal von der Norm abweichen) den Median nicht beeinflussen, wohl aber den Mittelwert. Es ist sehr einfach, den Median anstelle des Mittelwerts in Excel zu verwenden (allerdings nicht in Data-Mining-Paketen). In Excel muss man nur die Formel „=MEDIAN(Bereich)" anstelle von „AVERAGE(Bereich)" verwenden.

Bei manchen Problemen gibt es keine eindeutige Gruppe von Clustern. Es gibt eine Reihe von Optionen zur Bestimmung der Anzahl der Cluster. Die Agglomeration ist ein Ansatz, bei dem Sie mit der maximalen Anzahl von Clustern beginnen und dann iterativ Cluster zusammenführen, bis nur noch ein Cluster übrig ist. Dann wird der Clusterwert gewählt, der am besten passt (nach welcher Metrik auch immer, und basierend auf der Notwendigkeit einer korrekten Vorhersage – weniger Cluster sind besser – und der Notwendigkeit der Unterscheidung von Unterschieden – mehr Cluster sind besser). Kommerzielle Tools haben eine Reihe unterschiedlicher Parameter und Methoden. Einige verwenden eher die Wahrscheinlichkeitsdichte als Abstandsmaße, was bei überlappenden Clustern besser funktioniert.

Literatur

Astudillo CA, Oommen BJ (2011) Imposing tree-based topologies onto self organizing maps. Inf Sci 181:2798–3815

Johnson RA, Wichern DW (1998) Applied multivariate statistical analysis. Prentice Hall, Upper Saddle River

Kohonen T (1997) Self-organizing maps. Springer, Berlin

Sarlin P (2013) Self-organizing time map: an abstraction of temporal multivariate patterns. Neurocomputing 99:496–508

Kapitel 7
Link-Analyse

Zusammenfassung Bei der Link-Analyse werden die Beziehungen zwischen Entitäten in einem Netzwerk untersucht. Sie sind in vielen Kontexten interessant, z. B. bei der Analyse sozialer Netzwerke (Knoke und Yang, Social network analysis, 2nd edn. Sage Publications, Thousand Oaks, CA 2008), die zur Messung sozialer Beziehungen, einschließlich sozialer Medien und Kollaborationsnetzwerke, verwendet wurde. Personen (oder Kunden) können als Knoten dargestellt werden, und die Beziehungen zwischen ihnen können Links in einem Diagramm sein. In der Biowissenschaft wurden sie zur Analyse von Proteininteraktionen eingesetzt. Sie wurden auch bei der Strafverfolgung und im Terrorismus eingesetzt. In der Wirtschaft sind sie für das Marketing von Interesse, insbesondere im Zusammenhang mit der Analyse von Produktempfehlungen. Amazon ist berühmt für seine Empfehlungsmaschine, die sich auf die Link-Analyse von Kundenauswahlen stützt. Durch die Clickstream-Analyse können Websites von Unternehmen vorhersagen, wohin die Kunden gehen, so dass die Systeme mit diesen Kunden interagieren können, um die Wahrscheinlichkeit zu erhöhen, dass sie die Waren des Anbieters kaufen.

Bei der Link-Analyse werden die Beziehungen zwischen Entitäten in einem Netzwerk untersucht. Sie sind in vielen Kontexten interessant, z. B. bei der Analyse sozialer Netzwerke (Knoke und Yang 2008), die zur Messung sozialer Beziehungen, sozialer Medien und Kollaborationsnetzwerke verwendet wird. Menschen (oder Kunden) können als Knoten dargestellt werden, und die Beziehungen zwischen ihnen können Links in einem Graphen sein. In der Biologie wurden sie zur Analyse von Proteininteraktionen eingesetzt. Sie wurden auch bei der Strafverfolgung und im Terrorismus eingesetzt. In der Wirtschaft sind sie für das Marketing von Interesse, insbesondere im Zusammenhang mit der Analyse von Produktempfehlungen. Amazon ist berühmt für seine Empfehlungsmaschine, die sich auf die Link-Analyse von Kundenauswahlen stützt. Durch die Clickstream-Analyse können Websites von

D. L. Olson, G. Lauhoff, *Deskriptives Data-Mining*,
https://doi.org/10.1007/978-3-031-21274-1_7

Unternehmen vorhersagen, wohin die Kunden gehen, so dass die Systeme mit diesen Kunden interagieren können, um die Wahrscheinlichkeit zu erhöhen, dass sie die Waren des Anbieters kaufen.

Begriffe der Linkanalyse

Die Link-Analyse bietet im Allgemeinen Werkzeuge für die Analyse von großen Graphen. Die Effektivität solcher Tools ist durch die Dimensionalität des Graphen begrenzt, doch die Analyse großer Netzwerke wurde bereits auf Twitter, menschliche neuronale Netze und andere Webgraphen angewandt. Die grafischen Analyse ist eine Herausforderung für die effiziente Datenverarbeitung, was die Skalierbarkeit zu einem Problem macht.

Bei der grafischen Darstellung von Netzen gibt es eine Reihe wichtiger Konzepte. Dazu gehört der **Grad**, d. h. die Anzahl der Verbindungen, die ein Knoten (**Vertex**) zu anderen Knoten hat. Diese Verbindungen werden auch als **Kanten** bezeichnet. Beispiele für Netzwerke, die in Unternehmen verschiedener Art üblich sind, werden in Tab. 7.1 gezeigt, die aus https://www.analyticsvidhya.com/blog/2018/04/introduction-to-graph-theory-network-analysis-python-codes/ stammt.

Ein aktuelles Beispiel, bei dem die Link-Analyse zum Verständnis beitragen kann, ist der Brexit, also der Austritt des Vereinigten Königreichs aus der EU. Ein Netzwerk könnte Auswirkungen auf die oben beschriebenen Aspekte zeigen. Britische Fluggesellschaften, die in die EU oder innerhalb der EU fliegen, könnten diese Rechte aufgrund anderer Vorschriften verlieren. Es wird erwartet, dass der Bankensektor am stärksten betroffen sein wird. Obwohl London nicht am Euro teilnimmt, diente es als Finanzzentrum für EU-Transaktionen. Nach dem Brexit

Tab. 7.1 Beispiele für Unternehmensnetzwerke

Netzwerk	Scheitelpunkte	Scheitelpunkt-Attribute	Ränder	Rand-Attribute
Fluggesellschaften	Flughäfen	Terminalkapazität, Typ des landenden Flugzeugs, Einwohnerzahl der Stadt	Flugzeuge, Routen	# Passagier, Flugzeugtyp, Zoll- und Einwanderungsbestimmungen
Bankennetz	Kontoinhaber	Name, demografische Daten, Bankvorschriften?	Transaktionen	Art, Menge, Zeit, Ort Gerät
Soziales Netzwerk	Benutzer	Benutzer, Verbindungen	Wechselwirkungen	Medium, Art des Inhalts, Thema
Ärztenetz	Ärzte	Demografie, Fachgebiet	Patienten	Demografische Daten, Krankengeschichte, Versicherung
Netzwerk der Lieferkette	Lagerhäuser	Standort, Zugang (Straße, Schiene, …), Zollbestimmungen	Lastwagen, Züge, Flugzeuge	Kapazität, Auslastung, Geschwindigkeit, Kosten

werden die Banken im Vereinigten Königreich wahrscheinlich das Recht verlieren, ihre Produkte und Dienstleistungen weiterhin in der gesamten Europäischen Union zu verkaufen. Mit einer Änderung der Einwanderungsregeln werden sich für die betroffenen Familien echte Veränderungen ergeben. Auch in den sozialen Netzwerken sind Änderungen zu erwarten. In der EU und im Vereinigten Königreich gelten möglicherweise unterschiedliche Datenschutzbestimmungen, die sich darauf auswirken können, wie und wo Informationen gespeichert werden können. Das Netz der Versorgungsketten ist das offensichtlichste Problem, um das man sich Sorgen machen muss. Lkw, die am Ärmelkanal auf den Zoll warten, wirken sich auf die Kunden in der Lieferkette aus, während sich in Nordirland die Frage stellt, wie die Grenze offen gehalten werden kann, wenn diese Märkte durch Vorschriften getrennt werden. Eine Netzwerkanalyse wäre wirklich von großem Nutzen für alle Beteiligten.

Diagramme können eine Reihe von Situationen darstellen. Bei einem Graphen von Bekannten würde es sich wahrscheinlich um ungerichtete Verbindungen handeln, bei denen die Beziehungen in beide Richtungen verlaufen. Betrachten wir ein Netzwerk von sieben Personen wie in Tab. 7.2, von denen eine (George) mit keiner der anderen etwas zu tun hat. Abb. 7.1 zeigt dieses Netzwerk grafisch in bidirektionaler Form.

Tab. 7.2 Soziales Netzwerk

	Albert	Betty	Karl	Daisyn	Edward	Farn	George
Albert	0	1	1	1	1	0	0
Betty	1	0	1	0	0	1	0
Karl	1	1	0	0	0	0	0
Daisyn	1	0	0	0	1	1	0
Edward	1	0	0	1	0	0	0
Farn	0	1	0	1	0	0	0
George	0	0	0	0	0	0	0

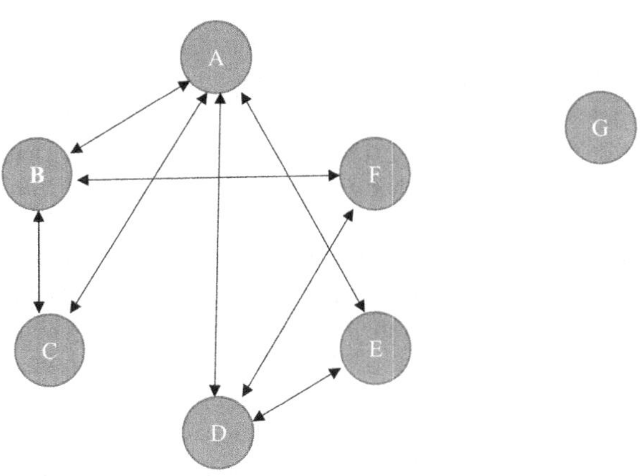

Abb. 7.1 Soziales Netzwerk (social graph)

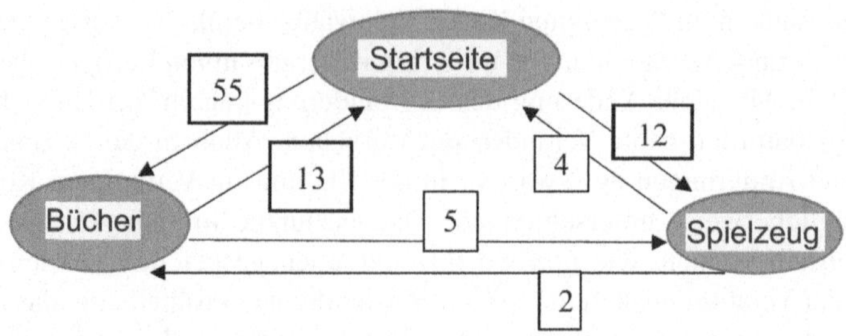

Abb. 7.2 Beziehungswert Diagramm

Sie können auch Werte in Diagramme einfügen. Bei E-Business-Websites könnten die Knoten beispielsweise Seiten sein, und es wäre wichtig, das Verkehrsaufkommen auf jedem Link zu kennen. Dies kann für die Preisgestaltung sowie für viele Arten von Analysen verwendet werden. Abb. 7.2 zeigt ein bewertetes Diagramm. Man beachte, dass der Wert in Bezug auf den Verkehr von der Richtung des Links abhängen kann.

Abb. 7.1 ist zu Demonstrationszwecken stark vereinfacht, zeigt aber, wie der Hauptverkehrsfluss auf der Website zu den Büchern geht, aber die Website erlaubt Bewegungen von jedem Knoten zu allen anderen. Somit zeigt Abb. 7.1 sowohl die Richtung als auch den Wert.

Um zusätzliche Maße für Graphen zu demonstrieren, haben wir im Kapitel Warenkorbanalyse einen Satz von Pseudo-Amazon-Daten für 15 Produktkategorien erstellt. Diese Daten werden hier zu den Zählungen (Graden) für jedes Produktpaar (Knoten) wie in Tab. 7.3 aggregiert.

Abb. 7.3 zeigt ein Netzwerkdiagramm der Daten in Tab. 7.3, das von der Software NodeXL erstellt wurde, die später in diesem Kapitel beschrieben wird. (Beachten Sie, dass diese Tabelle symmetrisch ist.)

Hier gibt es fünfzehn Knotenpunkte. Der Grad der Konnektivität für Automobilprodukte (Auto) besteht zu zwei anderen Produkten, nämlich zu Büchern mit festem Einband (Hard) und zu Gesundheitsprodukten (Health). Der Grad kann richtungsabhängig sein. In diesem Fall gibt es beispielsweise keine inhärente Richtung, so dass die Richtung des Graphen von Auto zu Gesundheit oder von Gesundheit zu Auto gehen könnte. Wenn jedoch Person A Person B vertraut, aber Person B nicht Person A vertraut, kann das Vertrauen eine Richtung haben. Der bidirektionale Grad für Auto ist also 4. Baby-Produkte haben Verbindungen zu 11 anderen Produkten, bidirektional, was einen Grad von 22 ergibt.

Die Dichte ist die Anzahl der Verbindungen geteilt durch die Anzahl der möglichen Verbindungen (ohne Berücksichtigung von Schleifen, die Duplikate erzeugen würden). Die Dichte für Auto in Tab. 7.3 beträgt 4/28, also 0,143. Umgekehrt beträgt die Dichte für Baby 22/28 oder 0,786. Die maximale Dichte liegt bei 1,000 für Bücher mit festem Einband (Hard), dem einzigen Produkt, dessen Käufer (493 von 1000) jede andere Produktkategorie gekauft haben.

Die Verbundenheit bezieht sich auf den Grad der Fähigkeit des gesamten Graphen, alle Knoten zu erreichen. Der Krackhardt-Verbindungsgrad ist die Summe des uni-

Tab. 7.3 Pseudo-Amazon-Knotengrade

	Auto	Baby	Ebook	Hardcover Buch	Taschenbuch	Musik	Elek-tronik	Gesundheit	Geschenk-gutschein	Reise-gepäck	Maga-zin	Filme	Software	Spielzeug	Wein
Auto	15	0	0	1	0	0	0	5	0	0	0	0	0	0	0
Baby	0	52	10	3	7	1	2	3	0	0	2	1	3	49	4
Ebook	0	10	619	475	483	44	3	34	29	1	11	10	17	27	8
Hardcover Buch	1	3	475	493	426	19	10	25	15	1	6	11	19	16	8
Taschenbuch	0	7	483	426	497	10	4	24	14	1	7	5	16	21	7
Musik	0	1	44	19	10	118	19	11	11	0	4	20	12	11	5
Elektronik	0	2	3	10	4	19	40	4	3	0	1	14	19	3	1
Gesundheit	5	3	34	25	24	11	4	65	2	0	3	14	4	8	0
Geschenkgut-schein	0	0	29	15	14	11	3	2	57	0	4	21	2	4	5
Reisegepäck	0	0	1	1	1	0	0	0	0	4	0	3	0	0	0
Magazin	0	2	11	6	7	4	1	3	4	0	27	10	2	3	2
Filme	0	1	10	11	5	20	14	14	21	3	10	132	11	7	11
Software	0	3	17	19	16	12	19	4	2	0	2	11	111	5	10
Spielzeug	0	49	27	16	21	11	3	8	4	0	3	7	5	112	5
Wein	0	4	8	8	7	5	1	0	5	0	2	11	10	5	57

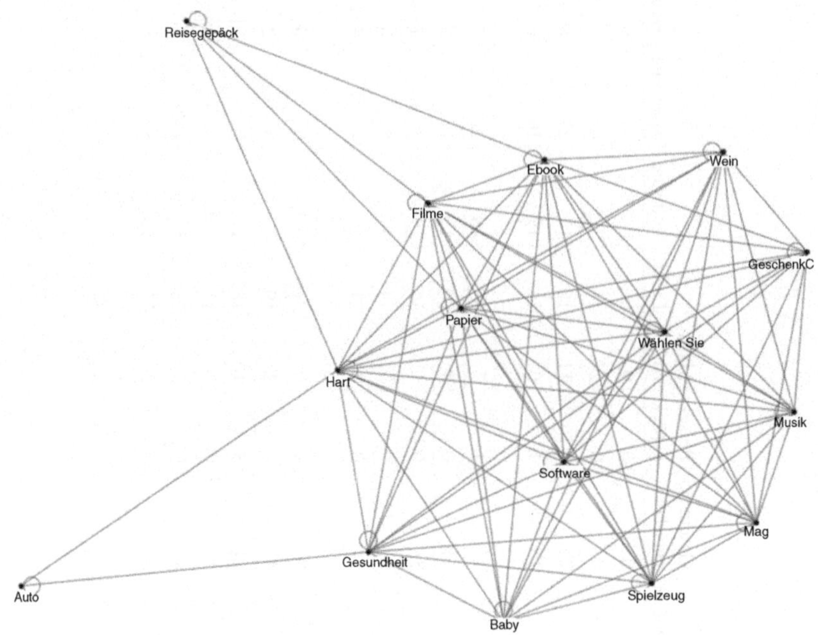

Abb. 7.3 Netzwerkdiagramm der Pseudo-Amazon-Daten

direktionalen Grades eines jeden Knotens geteilt durch {die Anzahl der Knoten (n) mal (n – 1)}. Dieses Maß hat einen Höchstwert von 1,0, was bedeutet, dass alle Knoten mit allen anderen Knoten verbunden sind, und einen Mindestwert von 0, wenn alle Knoten vollständig isoliert sind (es gibt keine Knotenverbindungen). In den Pseudo-Amazon-Daten in Tab. 7.3 zeigt Tab. 7.4 den Grad (in diesem Fall einseitig) für jeden Knoten.

Diese fünfzehn Grade addieren sich zu 194. Der Krackhardt-Verbindungsgrad wäre somit:

$$194/(15 \times 14) = 0.92$$

Dies ist ein hoher Grad an Verbundenheit.

Wir können die Dichte für jeden der sieben Teilnehmer aus Tab. 7.2 wie in Tab. 7.5 dargestellt berechnen.

Die Verbundenheit dieses Graphen ist gleich der Summe der Verbindungen (16 – die Summe der Zähler in der zweiten Spalte in Tab. 7.5) geteilt durch 42 ($n \times n - 1$) oder 0,381.

Der geodätische Abstand (Geodesic distance) ist die Länge des kürzesten Weges zwischen zwei Knoten. Dazu müsste man alle Pfade zwischen den beiden fraglichen Knoten berechnen, den niedrigsten Wert jedes Pfades ermitteln, diesen niedrigsten Wert durch die Länge des Pfades dividieren und dann den höchsten Wert unter diesen Ergebnissen auswählen. Tab. 7.6 zeigt die geodätischen Entfernungen (Weglängen) für das Netzwerk in Abb. 7.1.

Tab. 7.4 Unidirektionale Grade für Pseudo-Amazonen-Daten

	Grad
Auto	4
Baby	13
Ebook	15
Hardcover Buch	16
Taschenbuch	15
Musik	14
Elektronik	14
Gesundheit	14
Geschenkgutschein	13
Reisegepäck	6
Magazin	14
Filme	15
Software	14
Spielzeug	14
Wein	13

Tab. 7.5 Dichten für soziales Netzwerk (unidirektional)

	Grad	Verbindungen	Dichte
Albert	4	4/6	0,067
Betty	3	3/6	0,500
Karl	2	2/6	0,333
Daisy	3	3/6	0,500
Edward	2	2/6	0,333
Farn	2	2/6	0,333
George	0	0/6	0

Tab. 7.6 Geodätische Abstände

	A	B	C	D	E	F	G
A	0	1	1	1	1	2	∞
B	1	0	1	2	2	1	∞
C	1	1	0	2	2	2	∞
D	1	2	2	0	1	1	∞
E	1	2	2	1	0	2	∞
F	2	1	2	1	2	0	∞
G	∞	∞	∞	∞	∞	∞	∞

Tab. 7.7 Verflechtungsberechnungen

Knoten A	Knoten B	Knoten C	Knoten D	Knoten E	Knoten F
B-C nein	A-C nein	A-B nein	A-B nein	A-B nein	A-B nein
B-D ja	A-D nein	A-D nein	A-C nein	A-C nein	A-C nein
B-E ja	A-E nein	A-E nein	A-E nein	A-D nein	A-D nein
B-F nein	A-F ja	A-F nein	A-F ja	A-F nein	A-E nein
C-D ja	C-D nein	B-D nein	B-C nein	B-C nein	B-C nein
C-E ja	C-E nein	B-E nein	B-E nein	B-D nein	B-D ja
C-F nein	C-F ja	B-F nein	B-F nein	B-F nein	B-E nein
D-E nein	D-E nein	D-E nein	C-E nein	C-D nein	C-D nein
D-F nein	D-F nein	D-F nein	C-F nein	C-F nein	C-E nein
E-F nein	E-F nein	E-F nein	E-F ja	D-F nein	D-E nein

Die Verflechtungszentralität ist ein Maß für den Grad, in dem ein bestimmter Knoten auf den kürzesten Wegen zwischen anderen Knoten im Diagramm liegt. So kann sie widerspiegeln, wie andere Knoten die Beziehungen zwischen Paaren anderer Knoten, die nicht direkt miteinander verbunden sind, kontrollieren oder vermitteln. Die Formel für die Betweenness Centrality C_b ist die Summe der kürzesten Wege (Geodäten) von diesem Knoten zu allen anderen Knoten, geteilt durch die Anzahl der verschiedenen Geodäten im Graphensystem. Tab. 7.7 zeigt diese Berechnung für die in Abb. 7.1 dargestellte Menge der verbundenen Knoten A bis F.

Der Knoten A liegt also auf 4 von 15 Geodäten, was einer Betweenness-Zentralität von 0,267 entspricht, B 2/15 = 0,133, C 0/15 = 0,0, D 2/15 = 0,133, E 0/15 = 0/0 und F 1/15 = 0,067. G verbindet sich mit nichts, ist also kein Mitglied einer Geodäte und hat daher eine Betweenness-Zentralität von 0,0. Würde man die Richtung berücksichtigen, würden sich Zähler und Nenner einfach verdoppeln, was zu den gleichen Betweenness-Berechnungen führt, da Abb. 7.1 bidirektional ist. Wäre sie unidirektional, würde sich dies auf die Anzahl der „Ja"-Werte in Tab. 7.7 auswirken.

Die Nähe gibt an, wie nahe einem Knoten zu den anderen Knoten in einem Netz ist. Dies kann einen Hinweis darauf geben, wie schnell die Knoten interagieren können, wobei eine größere Nähe bedeutet, dass mehr Vermittler eingeschaltet werden müssen. Die **Nähe-Zentralität** ist der Kehrwert der Summe der geodätischen Abstände zwischen einem Knoten und den anderen Knoten. Wenn man die nicht-unendlichen Werte in Tab. 7.6 addiert, erhält man die Summe der Entfernungen zwischen allen Knoten (in diesem Fall 22). Das Maß für die Zentralität der Nähe ist:

$$\text{Closeness Centrality} = \{\text{Number of nodes} - 1\} / \{\text{sum of distances}\}$$

Im Fall von Abb. 7.1 sind diese Werte in Tab. 7.8 angegeben.

Tab. 7.8 Betweeness-Zentralität für Abb. 7.1

Knotenpunkt	V-1	Summe der Entfernungen	Zentralität der Nähe
A	6	6	1,000
B	6	7	0,857
C	6	8	0,750
D	6	7	0,857
E	6	8	0,750
F	6	8	0,750
G	6	∞	0

Dieses Maß nimmt ab, wenn die Zahl der von dem betreffenden Knoten erreichbaren Knoten abnimmt oder wenn die Entfernungen zwischen den Knoten zunehmen. Hier hat A die größte „Nähe", während G die geringste hat.

Grundlegende Netzwerkgrafiken mit NodeXL

NodeXL (Network Overview, Discovery and Exploration for Excel) ist eine Vorlage (template) für Microsoft Excel, die die Möglichkeit bietet, Netzwerkdiagramme zu untersuchen. Die NodeXL-Excel-Vorlage wird über das Windows-Startmenü geöffnet und erstellt eine neue Arbeitsmappe, die für Netzwerkdiagrammdaten angepasst ist. Abb. 7.4 zeigt das Grundlayout mit der NodeXL-Ribbon-Registerkarte oben, dem Arbeitsblatt Edges auf der linken Seite und einem Diagrammbereich zur Anzeige von Netzwerken auf der rechten Seite. Unten befinden sich Registerkarten für die fünf Arbeitsblätter (Kanten, Scheitelpunkte, Gruppen, Gruppenscheitelpunkte und ein verstecktes fünftes Arbeitsblatt – Gesamtmetrik). Beachten Sie, dass die meisten Metriken die Version NodeXL Pro oder höher erfordern.

Diese fünf Arbeitsblätter (aus der NodeXL-Webdokumentation) sind in Tab. 7.9 beschrieben.

Abb. 7.5 zeigt die Eingabe des in Tab. 7.2 angegebenen Beispiels eines sozialen Netzwerks in NodeXL.

Dies wird wie folgt erreicht.

Öffnen Sie zunächst eine leere NodeXL-Vorlage. Dann öffnen Sie die Matrix-Arbeitsmappe in der gleichen Excel-Instanz (ziehen Sie sie einfach in die Titelleiste der aktuellen NodeXL-Excel-Instanz) mit der in Tab. 7.2 gezeigten Tabelle (siehe Abb. 7.6).

Um diese Matrix zu importieren, wechseln Sie zurück zu NodeXL und wählen Sie Daten > Importieren > Aus offener Matrix Arbeitsmappe, wie in Abb. 7.7 gezeigt.

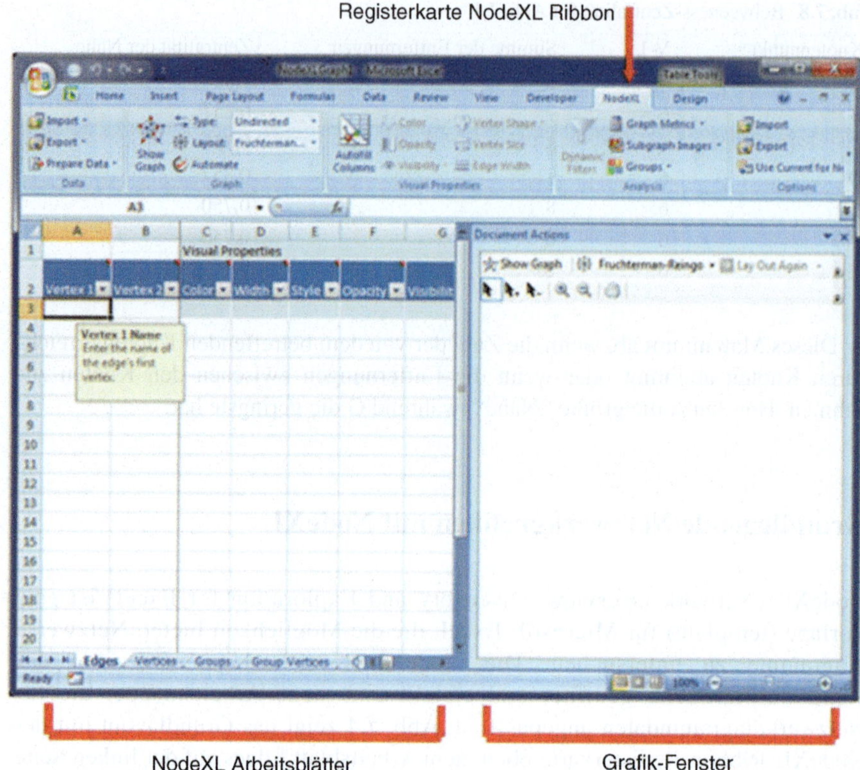

Abb. 7.4 Anfangsbildschirm von NodeXL

Tab. 7.9 NodeXL Arbeitsblätter (worksheets)

Arbeitsblatt	Beschreibung
Ränder	Die Spalten Scheitelpunkt 1 und Scheitelpunkt 2 werden verwendet, um Kanten zu definieren, wobei zusätzliche Spalten verfügbar sind, um Eigenschaften festzulegen
Scheitelpunkte	NodeXL erstellt automatisch Scheitelpunktreihen, nachdem der Benutzer „*Graph anzeigen*" ausgewählt hat. Wenn es isolierte Scheitelpunkte gibt, können diese als zusätzliche Zeilen auf der Seite Scheitelpunkte eingegeben werden
Gruppen	Sie können Randbeziehungen definieren, die zu von Ihnen definierten Gruppen gehören
Scheitelpunkte gruppieren	Die Namen der Eckpunkte der Graphengruppe werden eingegeben
Allgemeine Metriken	Es werden Gesamtmetriken angezeigt. Höhere Versionen als NodeXL Basic sind erforderlich
Kanten der Gruppe	Arbeitsblatt, das bei der Berechnung von Gruppenmetriken erstellt wird

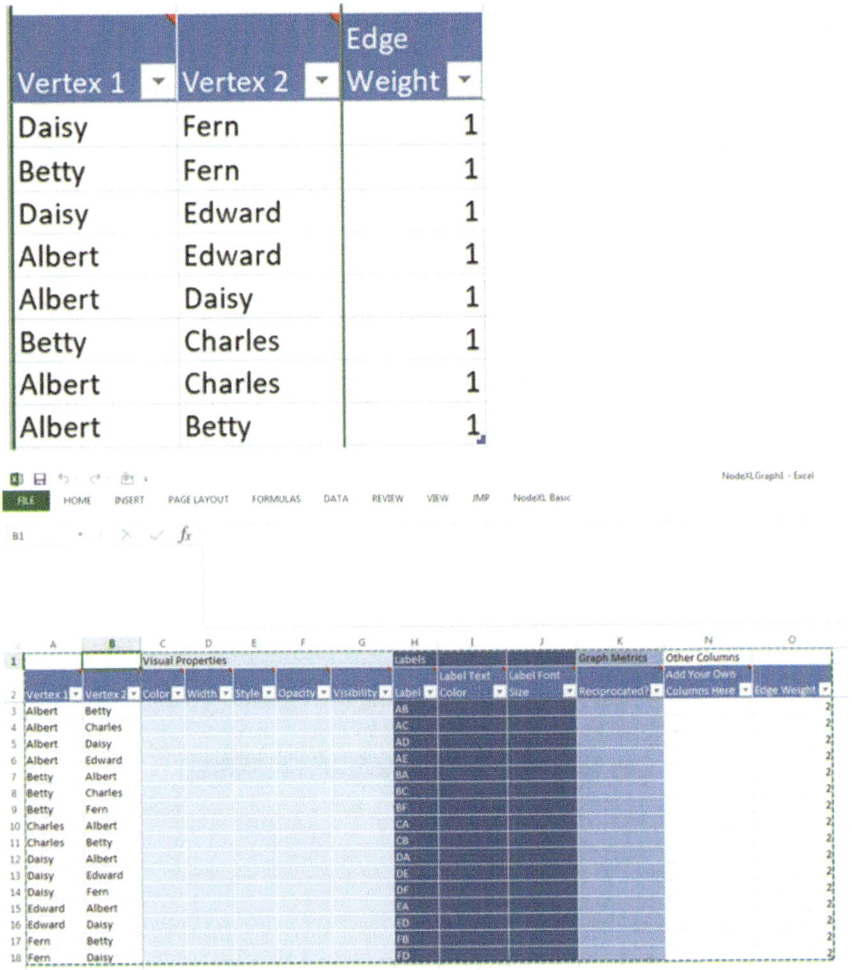

Vertex 1	Vertex 2	Edge Weight
Daisy	Fern	1
Betty	Fern	1
Daisy	Edward	1
Albert	Edward	1
Albert	Daisy	1
Betty	Charles	1
Albert	Charles	1
Albert	Betty	1

	Visual Properties					Labels			Graph Metrics	Other Columns	
Vertex 1	Vertex 2	Color	Width	Style	Opacity	Visibility	Label	Label Text Color	Label Font Size	Reciprocated?	Add Your Own Columns Here	Edge Weight
Albert	Betty						AB					2
Albert	Charles						AC					2
Albert	Daisy						AD					2
Albert	Edward						AE					2
Betty	Albert						BA					2
Betty	Charles						BC					2
Betty	Fern						BF					2
Charles	Albert						CA					2
Charles	Betty						CB					2
Daisy	Albert						DA					2
Daisy	Edward						DE					2
Daisy	Fern						DF					2
Edward	Albert						EA					2
Edward	Daisy						ED					2
Fern	Betty						FB					2
Fern	Daisy						FD					2

Abb. 7.5 NodeX-Eingabe für das Beispiel eines sozialen Netzwerks

Hier wird eine einfache asymmetrische Matrix mit gleicher Gewichtung der Bindungsstärken verwendet. Das Diagrammfenster für die in Abb. 7.6 gezeigte Eingabe ist in Abb. 7.8 dargestellt.

Abb. 7.9 zeigt die Ausgabe der Scheitelpunkte. Beachten Sie, dass nicht alle diese Ausgaben mit der kostenlosen Version von NodeXL erhalten werden können.

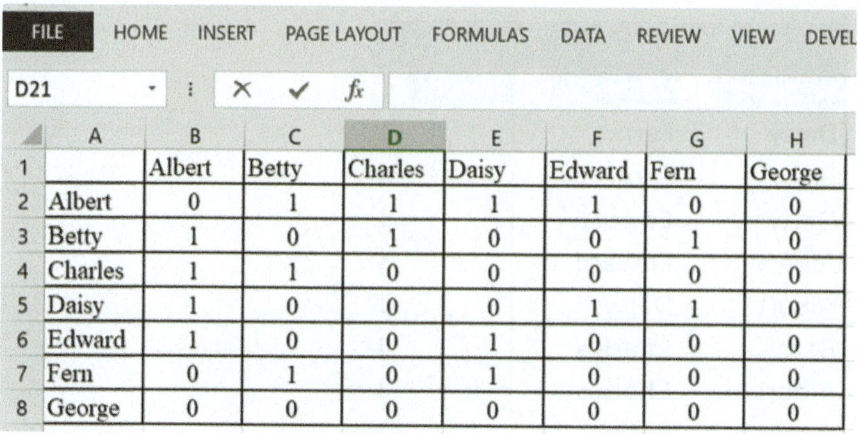

FILE HOME INSERT PAGE LAYOUT FORMULAS DATA REVIEW VIEW DEVEL

D21

	A	B	C	D	E	F	G	H
1		Albert	Betty	Charles	Daisy	Edward	Fern	George
2	Albert	0	1	1	1	1	0	0
3	Betty	1	0	1	0	0	1	0
4	Charles	1	1	0	0	0	0	0
5	Daisy	1	0	0	0	1	1	0
6	Edward	1	0	0	1	0	0	0
7	Fern	0	1	0	1	0	0	0
8	George	0	0	0	0	0	0	0

Abb. 7.6 Von NodeXL importierte Tabelle

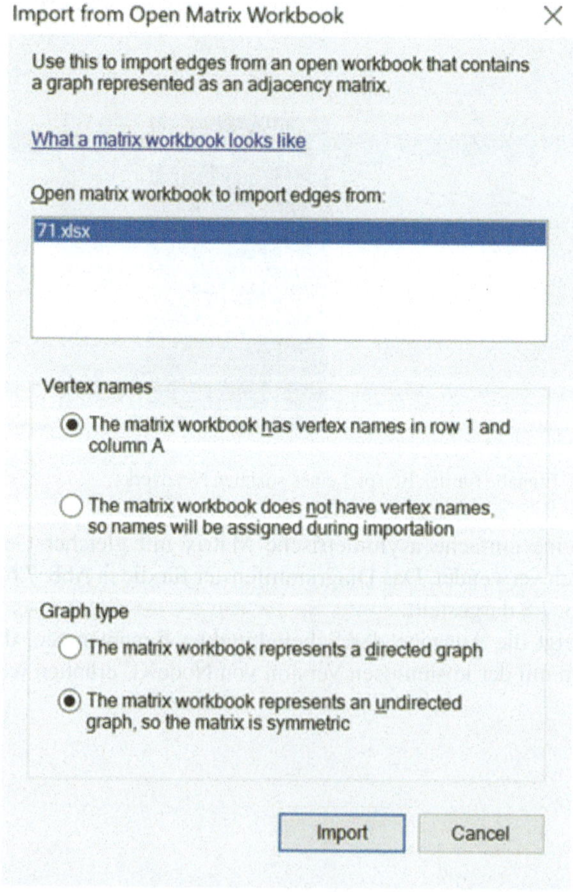

Import from Open Matrix Workbook

Use this to import edges from an open workbook that contains a graph represented as an adjacency matrix.

What a matrix workbook looks like

Open matrix workbook to import edges from:

71.xlsx

Vertex names

(•) The matrix workbook has vertex names in row 1 and column A

( ) The matrix workbook does not have vertex names, so names will be assigned during importation

Graph type

( ) The matrix workbook represents a directed graph

(•) The matrix workbook represents an undirected graph, so the matrix is symmetric

Import Cancel

Abb. 7.7 NodeXL-Import

Abb. 7.8 NodeXL-Graphik für ein einfaches soziales Netzwerk

	A	I	J	K	L	M	N	O	P
1		rics							
2	Vertex	In-Degree	Out-Degree	Betweenness Centrality	Closeness Centrality	Eigenvector Centrality	PageRank	Clustering Coefficient	Reciprocated Vertex Pair Ratio
3	A	4	4	7.000	0.167	0.229	1.439	0.333	1.000
4	B		3	3.000	0.143	0.178	1.117	0.333	1.000
5	C		2	0.000	0.125	0.145	0.772	1.000	1.000
6	D		3	3.000	0.143	0.178	1.117	0.333	1.000
7	E		2	0.000	0.125	0.145	0.772	1.000	1.000
8	F	2	2	1.000	0.125	0.126	0.783	0.000	1.000
9									

Vertex Name
Enter the name of the vertex.

Abb. 7.9 Ausgabe von NodeX-Eckpunkten

Graph Metric	Value
Graph Type	Undirected
Vertices	7
Unique Edges	8
Edges With Duplicates	0
Total Edges	8
Self-Loops	0
Reciprocated Vertex Pair Ratio	Not Applicable
Reciprocated Edge Ratio	Not Applicable
Connected Components	2
Single-Vertex Connected Components	1
Maximum Vertices in a Connected Component	6
Maximum Edges in a Connected Component	8
Maximum Geodesic Distance (Diameter)	2
Average Geodesic Distance	1.222222
Graph Density	0.380952381
Modularity	Not Applicable
NodeXL Version	1.0.1.381

Abb. 7.10 NodeXL-Gesamtmetrik für ein einfaches Beispiel eines sozialen Netzwerks

Abb. 7.10 zeigt die von NodeX bereitgestellten Statistiken für das Beispiel des sozialen Netzwerks.

Abb. 7.11 zeigt Gradbeziehungen für Ein- und Ausgänge.

Abb. 7.12 zeigt die Betweenness Centrality. Die Anzeigen für Closeness Centrality und Eigenvektor-Zentralität werden ebenfalls in NodeXL angezeigt.

Abb. 7.13 zeigt die Clusterkoeffizienten.

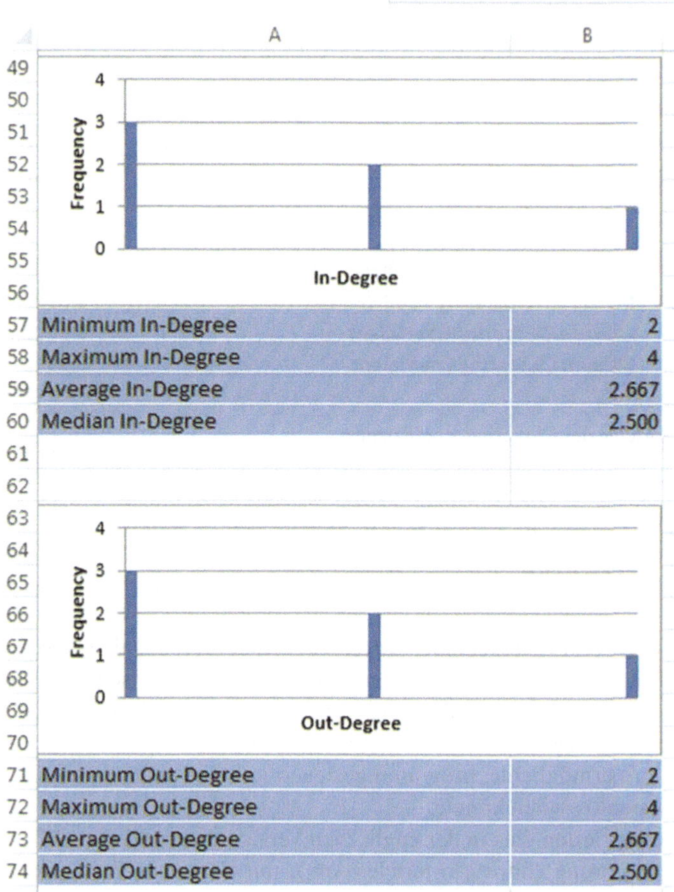

Abb. 7.11 In-Grad- und Out-Grad-Anzeigen von NodeXL

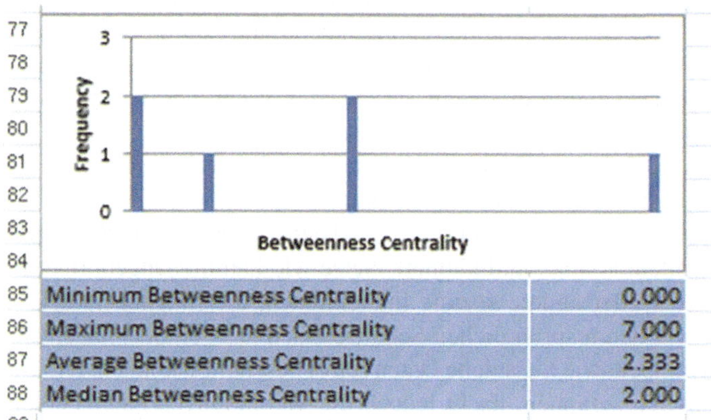

Abb. 7.12 Anzeige der Verflechtungszentralität

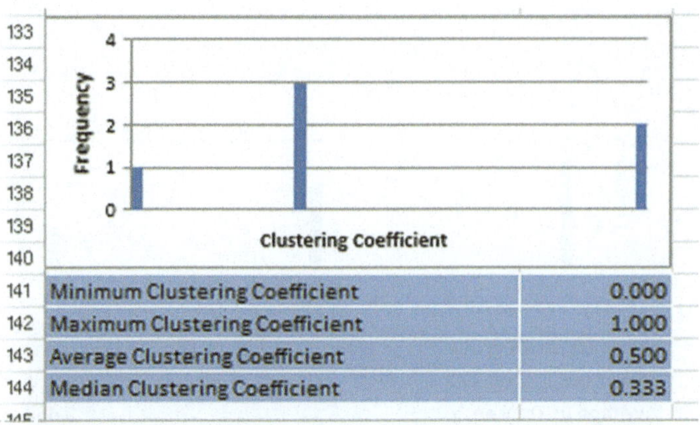

Abb. 7.13 Anzeige des Clustering-Koeffizienten

Netzwerkanalyse des Facebook-Netzwerks oder anderer Netzwerke

Viele von Ihnen sind wahrscheinlich Mitglied in mehreren sozialen Netzwerken wie LinkedIn, Facebook und Twitter. Daher könnte es interessant sein, eine Netzwerkanalyse in einem solchen Netzwerk durchzuführen. Dieses war bis vor einigen Jahren sehr einfach, da Facebook es ermöglichte. Facebook stellte eine API bereit, die es Entwicklern ermöglichte, programmgesteuert auf die Daten zuzugreifen, die der Benutzer kostenlos sehen konnte.

Wir demonstrierten dies in der englischen Version dieses Buches 2019 mit einer Chrome-Erweiterung (https://lostcircles.com), mit der man Netzwerkdaten sammeln, visualisieren und herunterladen kann.

Hiermit konnte man nicht nur seine eigenen Freunde, doch eine Liste der Freunde deiner Freunde erhalten.

Doch mittlerweile hat Facebook den Datenschutz verbessert und seine API geändert. Die Liste der Freunde deiner Freunde erhältst du nicht mehr unter deinen Freunden. Dieses war vielleicht auch eine Folge an dem Skandal von Cambridge Analytica welches durch die wenig geschützten Daten von Facebook erst ermöglicht wurden,

In den Abb. 7.14 und 7.15 wurde unser soziales Netzwerk von Facebook mit NodeXL in zwei verschiedenen Stilen dargestellt.

Wir beobachten ein sehr dichtes Netz, bei dem es sich um die Schulfreunde eines Schülers handeln könnte, und kleinere Netze wie Familienangehörige, Freunde an der Universität oder andere soziale Interaktionen, die möglicherweise nur wenig Interaktion mit den ursprünglichen Schulfreunden des Schülers haben. Wir werden später beschreiben, wie Sie solche Daten selbst beschaffen können. Die Betrachtung von Freundschaftsgraphen macht jedoch die Verbindungen einer Person sichtbar.

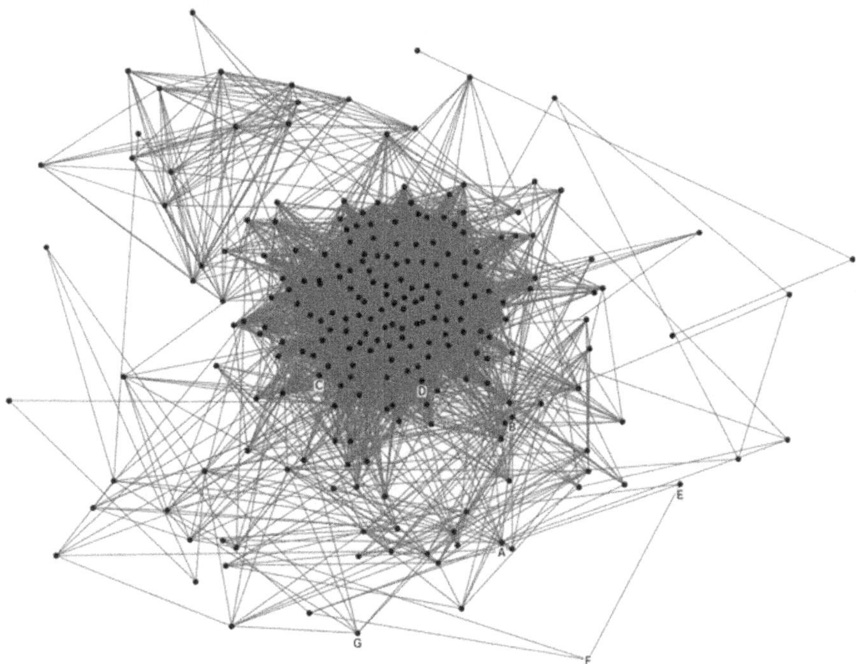

Abb. 7.14 Sozialer Netzwerkgraph von NodeXL im Fruchterman-Reingold-Stil

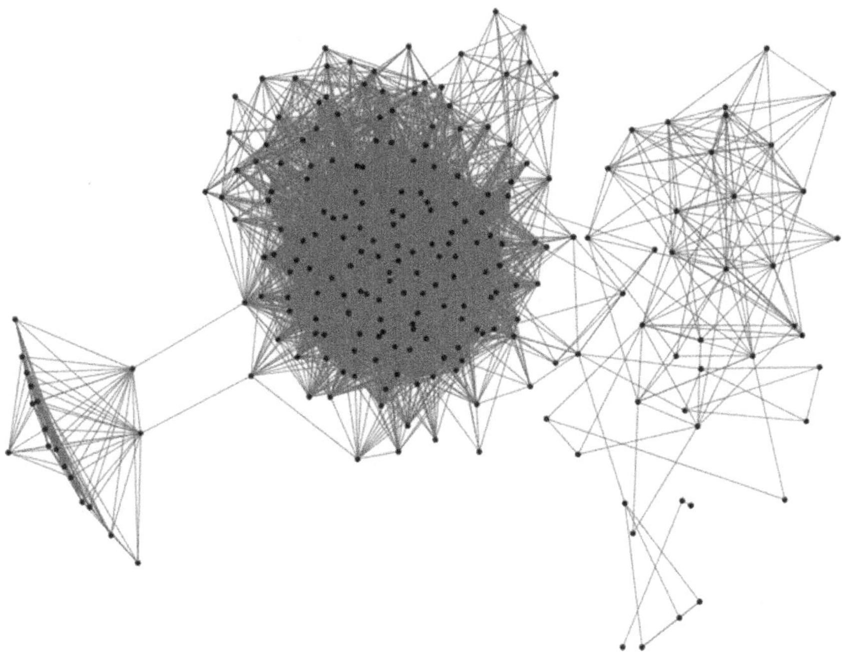

Abb. 7.15 Sozialer Netzwerkgraph von NodeXL im Haren-Koren-Stil

Man könnte zusätzliche Dimensionen hinzufügen, indem man beobachtet, wie sich das Netzwerk im Laufe der Zeit verändert, was durch Filtern des Graphen nach einem Zeitbereich erreicht werden könnte. Oder man könnte jeder Verbindung eine Gewichtung geben, die sich danach richtet, wie häufig Nachrichten zwischen den Verbindungen ausgetauscht werden. In Kap. 4 wurde das Regentschafts-, Frequenz- und Geldmodell vorgestellt. Man könnte eine ähnliche Logik auf Freunde in sozialen Netzwerken anwenden, indem man die Häufigkeit der Interaktion sowie die Häufigkeit und Länge der Nachrichten nutzt, um die „besten Freunde" oder „ehemaligen Partner" zu ermitteln.

Link-Analyse-Anwendung mit PolyAnalyst (Olson und Shi 2007)

NodeXL bietet eine einfache Möglichkeit, mit Link-Analysen zu arbeiten, die in vielen Kontexten anwendbar sind. Es ist etwas umständlich zu laden, und einige Funktionen erfordern die Investition von nominellen Geldbeträgen. Wir besprechen nun ein gut entwickeltes System für die Anwendung der Link-Analyse auf Text-Data-Mining.

Text Mining kann für viele Anwendungen genutzt werden. Eine solche Anwendung ist die Analyse einer Reihe von Textnachrichten, z. B. von Kundenbeschwerden. Nehmen wir an, ein Händler von Druckern vertreibt drei Produkte: Tintenstrahl-Schwarzweißdrucker, Tintenstrahl-Farbdrucker und Laser-Schwarzweißdrucker. Tab. 7.10 enthält fünf solcher Nachrichten, die das Produkt, eine Qualitätsbewertung auf einer Skala von 1 (schlecht) bis 5 (am besten), den Namen des betreffenden Vertreters und Kommentare enthalten.

Dieser Satz von Kommentaren umfasst eine Vielzahl von Kommentaren. Der erste Schritt bei der Anwendung von Text Mining besteht darin, eine Reihe von Schlüsselwörtern zu ermitteln. Einige Softwareprodukte, wie z. B. PolyAnalyst von Megaputer, bieten Textanalysefunktionen, die sich auf Wörter konzentrieren, die besonders häufig vorkommen. Der Benutzer des Systems kann Wörter löschen, die nicht relevant sind, und eine Datei erstellen, die die Sätze enthält, in denen diese ausgewählten Schlüsselwörter vorkommen. Eine Verwendung solcher Dateien besteht darin, große Dokumente auf einen gewissen Prozentsatz ihrer ursprünglichen Größe zu komprimieren, wobei der Schwerpunkt auf Sätzen liegt, die Wörter enthalten, die für den Benutzer von Interesse sind. Eine andere Möglichkeit besteht darin, die Begriffe zu identifizieren, die für den Benutzer von Interesse sind. In Tab. 7.10 könnten beispielsweise Wörter wie die fett gedruckten für eine Linkanalyse ausgewählt werden. Beachten Sie die Möglichkeit, verschiedene Varianten der Schlüsselbegriffe (knowledge und knowledgeable, break und breaks (oder broken), kind und kindly) zu erfassen. Dann kann eine Datendatei erstellt werden, in der jeder der Schlüsselbegriffe als binäre (ja/nein, boolesche, 0/1) Variable verwendet wird, die das Vorhandensein oder Fehlen des Schlüsselbegriffs in jeder Nachricht

Tab. 7.10 Druckerbeschwerden

Drucker Produkt	Bewertung der Qualität	Kunde	Kommentare
Tintenstrahl	1	Ben	Dieser Drucker ist ein **Schrotthaufen**. Er ist so **billig**, dass er ständig **verstopft**. Bei vergeblichen Versuchen, ihn zu reparieren, geht er regelmäßig **kaputt**
Farbe	3	Abner	Ich möchte Ihrem Vertreter ein Lob aussprechen, der sehr viel **Verständnis** für meine mangelnden **Kenntnisse** aufbrachte und mir **freundlicherweise mit** Rat und Tat zur Seite stand, um mich mit diesem Drucker vertraut zu machen.
Tintenstrahl	2	Chuck	Der Drucker funktioniert die meiste Zeit, aber es kommt zu **Papierstaus** und der **Service** ist teuer. Darüber hinaus war Ihr Vertreter bei einigen Gelegenheiten sehr **beleidigend,** und ich werde Sie in Zukunft nicht mehr mit Geschäften belästigen, sobald ich diese schwierige Angelegenheit geregelt habe.
Tintenstrahl	2	Abner	Ich bin mit Ihrem Drucker nicht zufrieden. Er **verschmiert Papier**, wenn er in **Betrieb** ist, was nicht allzu oft vorkommt
Laser	4	Dennis	Ihr Vertreter war sehr **sachkundig** über Ihr Produkt und hat es mir ermöglicht, es zum Laufen zu bringen.

widerspiegelt. Die Datei, die diese Schlüsselbegriffsvariablen enthält, kann beliebige andere Variablen enthalten, z. B. die kategorischen Variablen für das Druckerprodukt und den Vertreter sowie numerische Daten für Qualitätsbewertungen. Abb. 7.16 zeigt den Bildschirm von PolyAnalyst für einen kleinen Datensatz von 100 Beschwerden (aus denen die in Tab. 7.10 aufgeführten ausgewählt wurden). Es handelt sich um eine erste Ausgabe, bei der alle Variablen angezeigt werden, wenn eine der Variablen gemeinsame Einträge hat.

Die Verknüpfungsanalyse verwendet alle kategorialen und binären Daten (nicht die numerische Qualitätsbewertung). Auch wenn es in Abb. 7.16 nicht zu sehen ist, werden positive und negative Korrelationen farblich kodiert. Der Benutzer hat die Möglichkeit, beide zu löschen. Das System verwendet einen Mindestwert, um Beziehungen zu berücksichtigen. Ein Faktor bei diesem Datensatz ist, dass er mit 70 Tintenstrahldruckern, 20 Farbtintenstrahldruckern und nur 10 Laserdruckern stark verzerrt war. Daher basieren die gezeigten Verbindungen zwischen Laserdruckern und Vertretern auf einer sehr kleinen Stichprobe (und Vertreter wie Emil hatten keine Chance aufzutauchen). Dies kann in einigen Fällen durchaus sinnvoll sein (vielleicht verkauft Emil keine Laserdrucker), aber da die Stichprobe klein ist, wird keine Verbindung zwischen Emil und Laserdruckern hergestellt.

Da Abb. 7.16 sehr unübersichtlich war, hat der Analyst die Möglichkeit, die Mindestanzahl, die für die Anzeige in der Linkanalyse erforderlich ist, zurückzusetzen. Abb. 7.17 zeigt eine solche Ausgabe für eine Mindesteinstellung von 3 Vorkommen.

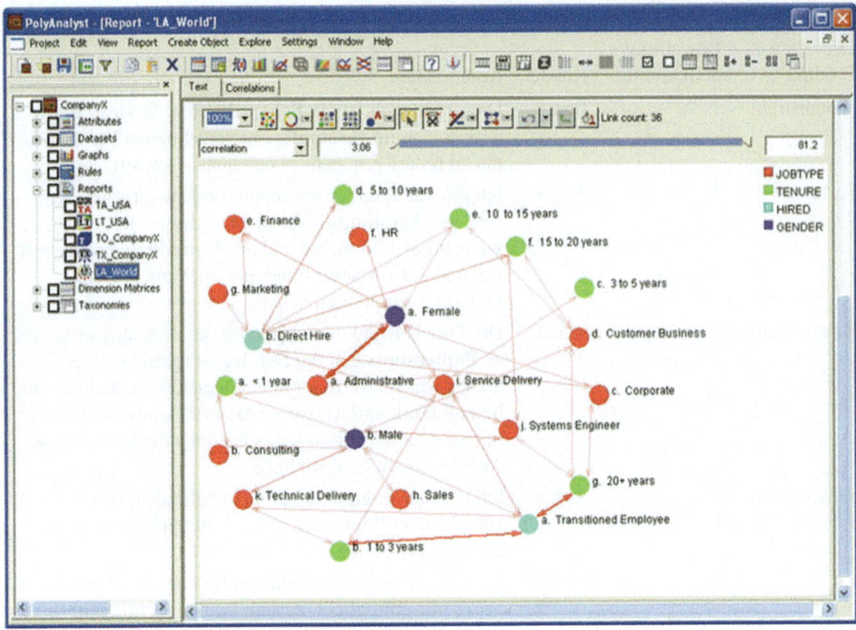

Abb. 7.16 PolyAnalyst-Ausgabe der ersten Link-Analyse

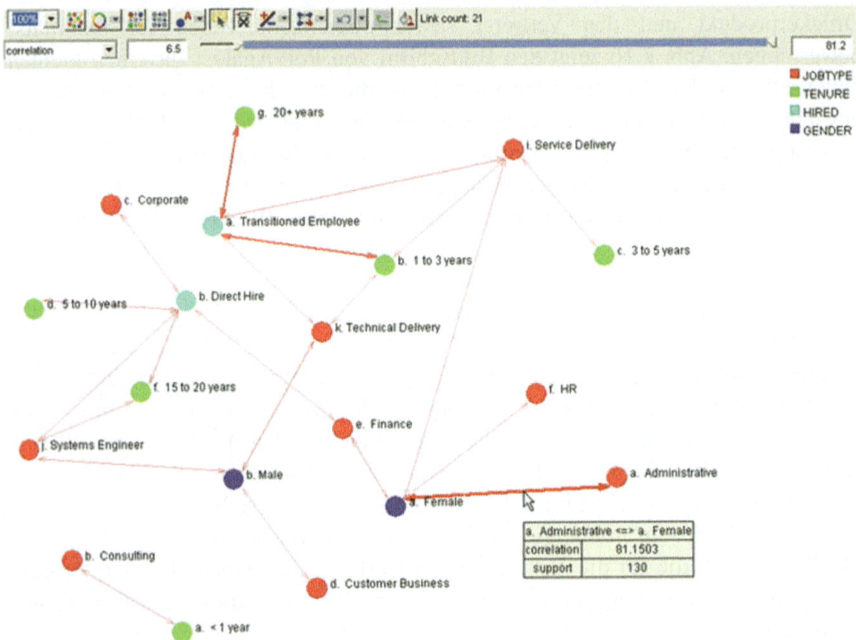

Abb. 7.17 PolyAnalyst-Ausgangssignal für die Link-Analyse bei einer Mindesteinstellung von 3

Das macht die Zusammenhänge viel klarer. Es scheint, dass Chuck mit einer Reihe von Tintenstrahldruckern handelt, aber seine Kunden neigen dazu, sie für Schrott zu halten. Bei Dennis zeigt sich nur, dass er häufig Laserdrucker verkauft. (Das könnte darauf hindeuten, dass Chuck sich auf das untere Ende des Geschäfts konzentriert und Dennis auf das obere Ende). Farbdrucker scheinen Probleme mit Patronen zu haben. Bei der Mindesteinstellung von 3 gibt es keine weiteren systematischen Muster zwischen Produkten und Schlüsselwörtern. Es gibt Beziehungen zwischen den Schlüsselwörtern, indem diejenigen, die sich über billige Drucker beschweren, die verstopfen, auf missbräuchliche Vertreter treffen. Diejenigen, die Vertreter als verständnisvoll ergänzen, neigen auch dazu, das Wort freundlich zu verwenden. Diejenigen, die das Wort Service verwenden, benutzen häufig das Wort schmieren. Die Identifizierung von Beziehungen durch eine Link-Analyse kann einige Muster oder Trends aufzeigen, die bei der Identifizierung von Kommunikationsfehlern von Vertretern oder von Produktmängeln nützlich sein können.

Zusammenfassung

Die Analyse von Links ist in vielen Zusammenhängen wertvoll. Das Wachstum sozialer Netzwerke hat sich als besonders ergiebiger Bereich für ihre Anwendung erwiesen. Dieses Kapitel begann mit einer hoffentlich sehr einfachen Demonstration grundlegender Begriffe und Maßnahmen der Linkanalyse (soziales Netzwerk). NodeXL wurde als ein weithin verfügbares Tool vorgestellt, das sich sehr gut zur Erstellung von Graphen eignet. Es wurde auch PolyAnalyst besprochen, ein leistungsfähigeres Tool, das eine Möglichkeit bietet, Link-Analysen zu erhalten und auf reale Probleme anzuwenden, die im Sinne des Text Mining definiert sind.

Literatur

Knoke D, Yang S (2008) Social network analysis, 2. Aufl. Sage Publications, Thousand Oaks, CA
Olson DL, Shi Y (2007) Introduction to business data-mining. Irwin/McGraw-Hill, New York

Kapitel 8
Deskriptives Data-Mining

Zusammenfassung Dieses Buch befasst sich mit der die Praxis, große Datenbanken zu analysieren, um neue Informationen zu generieren was man auf Englisch und auf Deutsch als Data-Mining nennt. So schürft man wie in einer Goldmine neue Goldschätze Das beschreibenden Data-Mining (deskriptiven Data Mining) , ist ein Aspekt des Data-Mining. Wie im Vorwort erwähnt, befasst es sich mit verschiedenen Formen der Statistik, um zu verstehen, was in dem untersuchten Bereich passiert ist. Das Buch beginnt mit einem Kapitel über Wissensmanagement und versucht, die Analytik in den Gesamtrahmen des Informationsmanagements zu stellen. Es beginnt mit einem Überblick über Computer-Informationssysteme, eine Quelle für viele wichtige Daten und deren Speicherung und Abruf zur Unterstützung der Entscheidungsfindung.

Dieses Buch befasst sich mit der beschreibenden Datenanalyse oder deskriptiven Data-Mining, einem ersten Aspekt des Data-Mining. Wie im Vorwort erwähnt, befasst es sich mit verschiedenen Formen der Statistik, um zu verstehen, was in dem untersuchten Bereich passiert ist. Das Buch beginnt mit einem Kapitel über Wissensmanagement und versucht, die Analytik in den Gesamtrahmen des Informationsmanagements zu stellen. Es beginnt mit einem Überblick über Computerinformationssysteme, eine Quelle vieler wichtiger Daten, sowie deren Speicherung und Abruf zur Unterstützung der Entscheidungsfindung. Die Auswirkungen von Big Data auf dieses Umfeld sind dramatisch und erfordern einen stärkeren Rückgriff auf künstliche Intelligenz und eine automatisierte Verarbeitung von Daten. Daher muss das Wissensmanagement nützliche Muster erkennen, indem es Daten sammelt, speichert, bei Bedarf für die Modellierung abruft und die Ergebnisse interpretiert, um nützliche, umsetzbare Informationen zu erhalten.

Kap. 2 befasst sich mit dem allgemeinen Thema der Visualisierung. Von den vielen Möglichkeiten der Visualisierung, um Menschen darüber zu informieren, was Statistiken enthüllen können, betrachten wir Data-Mining-Software-Visualisierungstools sowie einfache Tabellenkalkulationsdiagramme, die das Verständnis

D. L. Olson, G. Lauhoff, *Deskriptives Data-Mining*,
https://doi.org/10.1007/978-3-031-21274-1_8

verschiedener Arten von Daten ermöglichen. Anhand von US-Energiedaten werden die vielfältigen Möglichkeiten aufgezeigt, mit denen sich Schüler mit wichtigen gesellschaftlichen Themen auseinandersetzen können.

In Kap. 3 werden grundlegende Kasseninformationen nach Verkauf beschrieben, die von Einzelhandelsunternehmen verwendet wurden, um zu verstehen, welche Artikel zusammen gekauft werden. Dies kann zur Unterstützung der Produktpositionierung in Geschäften sowie für andere Geschäftsanwendungen nützlich sein. Die Warenkorbanalyse gehört zu den primitivsten Formen des deskriptiven Data-Mining. Das Kapitel befasst sich mit den grundlegenden Werkzeugen der Kookkurrenz, des Lifts und der Korrelation.

Kap. 4 befasst sich mit einem grundlegenden Marketinginstrument, das es schon seit Jahrzehnten gibt. Einzelhändler haben festgestellt, dass es wichtig ist, festzustellen, wie oft ein Kunde in letzter Zeit eingekauft hat, um seinen Wert für das Unternehmen zu ermitteln, und auch, wie oft er eingekauft hat und in welcher Höhe. Die RFM-Analyse (Recency, Frequency and Monetary) bietet eine schnelle und relativ einfach zu implementierende Methode zur Kategorisierung von Kunden. Es gibt bessere Analysemethoden, und es ist viel Arbeit mit der Datenumwandlung verbunden, aber diese Methode hilft zu verstehen, wie beschreibende Daten zur Unterstützung von Einzelhandelsunternehmen verwendet werden können.

Kap. 5 befasst sich mit dem ersten echten Data-Mining-Tool, der Generierung von Assoziationsregeln durch einen Computeralgorithmus. Der grundlegende A-priori-Algorithmus wird beschrieben und die R-Softwareunterstützung demonstriert. Eine hypothetische Darstellung von E-Commerce-Verkäufen wird zur Demonstration verwendet. Die grundlegenden Konzepte von Support, Konfidenz und Lift werden demonstriert, sowohl für die manuelle Berechnung zum Verständnis als auch für die Berechnung mit Rattle.

In Kap. 6 werden grundlegende Algorithmen für die Clusteranalyse vorgestellt, gefolgt von der Analyse typischer Bankkreditdaten mit drei Formen von Open-Source-Data-Mining-Software. Rattle bietet die Algorithmen K-means, Entropiegewichtete K-Means und Hierarchie. Auch die Software KNIME und WEKA wird kurz vorgestellt. Mächtigere Werkzeuge wie selbstorganisierende Karten werden kurz diskutiert.

Schließlich wird in Kap. 7 die Anwendung der Link-Analyse mit zwei Softwareformen gezeigt. Zunächst werden grundlegende Metriken sozialer Netzwerke vorgestellt. Eine Open-Source-Version von NodeXL wird vorgeführt. Sie ist nicht sehr leistungsfähig und kann nicht das leisten, was die relativ preiswerte proprietäre Version kann. Der Output der kommerziellen Software PolyAnalyst wird verwendet, um einige wertvolle Anwendungen der Linkanalyse zu demonstrieren.

Diese Methoden können verglichen werden, wie in Tab. 8.1 dargestellt.

Die Methoden in Tab. 8.1 erfordern häufig eine umfangreiche Datenmanipulation. Die Warenkorbanalyse und die RFM können eine umfangreiche Manipulation von Tabellenkalkulationsdaten erfordern. Es gibt kommerzielle Softwareprodukte, die diese Anwendungen unterstützen können. Solche Produkte kommen und gehen, daher ist eine Suche im Internet angebracht, wenn Sie Software finden möchten.

Tab. 8.1 Beschreibende Data-Mining-Methoden

Methode	Beschreibender Prozess	Basis	Software
Visualisierung	Erste Erkundung	Grafische Statistiken	Tabellenkalkulation
Warenkorb-Analyse	Warenkorbanalyse im Einzelhandel	Korrelation	Tabellenkalkulation
Häufigkeit/Häufigkeit/ Monetär	Verkaufsanalyse	Band	Manipulation von Tabellenkalkulationen
Assoziationsregeln	Gruppierung	Korrelation	Apriori, andere
Clusteranalyse	Gruppierung	Statistik	Datengewinnung (R, WEKA)
Link-Analyse	Anzeige	Grafiken	PolyAnalyst, NodeXL

Unabhängig davon sollten Sie bedenken, dass fast alle Data-Mining-Anwendungen eine umfangreiche Datenmanipulation und -bereinigung erfordern.

Die deskriptive Analyse umfasst viele verschiedene Problemtypen und wird durch eine Reihe von Softwaretools unterstützt. Angesichts der explosionsartigen Zunahme von Big Data ist eine anfängliche Datenanalyse durch Beschreibung nützlich, um den Prozess des Data-Mining zu beginnen.

The manufacturer's authorised representative in the EU is Springer Nature Customer Service Centre GmbH, Europaplatz 3, 69115 Heidelberg, Germany. If you have any concerns regarding our products, please contact ProductSafety@springernature.com

Printed and bound by CPI Group (UK) Ltd, Croydon, CR0 4YY
24/04/2026
02096349-0001